环保节能新技术

生物能源利用与转化技术

李乡壮　主编

西北工業大學出版社

【内容简介】 本书介绍了农村环保节能新技术，主要包括太阳能利用技术、水能利用技术、风能利用技术、生物能源利用与转化技术、秸秆转化利用技术、农村废旧物品回收利用技术、农村污水综合治理技术等。本册详细介绍了把生物质转化成沼气、氢气、生物柴油和燃料乙醇来加以利用的方法，指出了生物能开发利用的诱人前景。

图书在版编目(CIP)数据

生物能源利用与转化技术/李乡壮主编.—西安：西北工业大学出版社，2012.1(2014.7 重印)
(环保节能新技术)
ISBN 978-7-5612-2812-8

Ⅰ.①生… Ⅱ.①李… Ⅲ.①生物能源—资源利用 Ⅳ.①TK6

中国版本图书馆 CIP 数据核字(2010)第 114878 号

出版发行：西北工业大学出版社
通信地址：西安市友谊西路 127 号　　邮编：710072
电　　话：(029) 88493844　88491757
网　　址：www.nwpup.com
印 刷 者：陕西省富平县万象印务有限公司
开　　本：787 mm×1 092 mm　1/32
印　　张：15.75
字　　数：273 千字
版　　次：2012 年 1 月第 1 版　2014 年 7 月第 4 次印刷
定　　价：30.00 元(全套共 3 册)

序　言

人生有许多梦想，而我的梦想之一就是为农民、农村、农业服务，这套农业丛书的出版，让我的这个梦想得以实现。

我的童年是在农村度过的，换句话说，我拥有绿色的童年。正是那时的历练与陶冶，使我在此后的城市生活中做到了处变不惊，胜不骄，败不馁。多少年来，始终萦绕在我心头的是挥不去的浓浓乡情。

我大学毕业去单位报到，领导看见我的名字二话没说就将我分到了农村救济科；我进入报界，主编同样不假思索地让我在《乡村》栏目任职，后又派我到《农村天地》杂志社工作八年。总之，我的工作离不开农村与农业，朋友也是农民居多。不谦虚地说，就是城里人不屑或者说是不会的农活我也会干几样，比如水稻育苗、葡萄嫁接等。

身后有余忘缩手，眼前无路想回头。就在我为出版这套丛书四处搬兵、网罗人才时，得到《吉林日报》社农村部主任张力军，副主任石威，群工部主任孟繁杰，记者林启龙、王继富的积极响应与帮助。在此对帮助我的朋友表示诚挚的谢意。

俗话说，人多力量大，众人拾柴火焰高。我的老领导，曾经在《农村科学实验》《农村天地》《畜牧兽医》杂志任主编、主任的周振和、吕维也加入了这个团队，使我的力量大增，从而保证了这套丛书的质量，在具有科学性、实用性的同时，技术上也有了一定的新高度。

我希望这套丛书能为推动新农村建设尽微薄之力。当然，由于时间仓促，书中难免有不足之处，敬请广大读者及朋友批评指正。

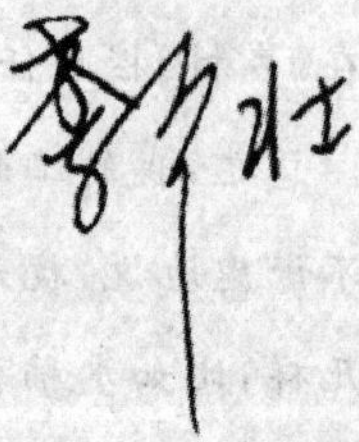

目　录

第一章　能源的概念及种类

第一节　能源的概念

能源是这个社会不断发展的动力，特别是在科学技术高速发展的今天。

能源对于我们来说，是非常重要的。没有能源，就没有飞速发展的经济；没有能源，社会就不会日新月异的变化；没有能源，我们就不能过着衣食无忧的生活。没有能源，就没有发展；没有能源，就没有进步；没有能源，我们就无法享受高品质的生活。

突然有一天，当人们赖以生存发展的能源枯竭或无法维持长久使用时，经济社会就会出现危机，一些工厂就将面临倒闭，人们的日常生活也会受到干扰，甚至陷入到一片混乱之中。

既然能源如此重要，那么究竟什么是能源呢？

所谓能源，就是向自然界提供能量转化的物质（包括矿物质能源、核物理能源、大气环流能源、地理性能源）。能源是人类活动中所必需的物质。从某种意义上来说，人类社会的发展是离不开优质能源和先进能源技术的。在当今世界，能源的发展、能源和环境的协调，是全世界、全人类共同关心的问题。在过去，人们很少谈论“能源”这一术语，正是两次石油危机使能源真正成为人们议论的热点话题。能源是整个世界发展和经济增长最基本的驱动力，是人类赖以生存的基础。

自从工业革命发生后，能源安全问题就频繁地开始出现。在全球经济高速发展的今天，能源安全已上升到了国家的高度。为此，各国都制定了以能源供应安全为核心的能源政策。在稳定能源供应的支持下，世界经济规模取得了较大的增长。但是，人类在享受能源带来的经济社会发展、科技进步等利益的同时，也遇到一系列无法避免的能源安全挑战。如能源短缺，资源争夺，过度开采、使用、浪费，污染能源等造成的环境污染等问题威胁着人类的生存与发展。

关于能源的定义，目前有 20 种左右，各个国家，各个版本的说法不尽一致。如《科学技术百科全书》中：“能源是可从其获得热、光和动力之类能量的资源”；《大英百科全书》说：“能源是一个包括所有燃料、流水、阳光和风的术语，人类用适当的转换手段便可让它为自己提供所需的能量”；《日本大百科全书》说：“在各种生产活动中，我们利用热能、机械能、光能、电能等来做功，可用来作为这些能量源泉的自然界中的各种载体，称为能源”；我国的《能源百科全书》说：“能源是可以直接或经转换提供人类所需的光、热、动力等任一形式能量的载能体资源。”

可以看出，能源是一种呈多种形式的，且可以相互转换的能量的源泉。能源不是停留在某一种物体当中的，而是可以相互转化的。确切而简单地说，能源是自然界中能为人类提供某种形式能量的物质资源。能源亦称能量资源或能源资源。

能源是指可产生各种能量（如热量、电能、光能和机械能等）或可做功的物质的统称。能源也是指能够直接取得或者通过加工、转换而取得有用能的各种资源，包括煤炭、原油、天然气、煤层气、水能、核能、风能、太阳能、地热能、生物质能等一次能源和电力、热力、成品油等二次能源，以及其他新能源和可再生能源。

所以说，人类的生产、生活的每一处几乎都要用到能源，能源对人类的重要作用是不可取代的。能源对我们来说是如此的重要，所以我们在享受能源带给我们的方便快捷的同时，要懂得更好地珍惜和利用能源。在生产生活过程中，我们要杜绝对能源的浪费，使能源能够最大化地得到利用。

第二节　能源的分类

能源种类繁多，而且经过人类不断的开发与研究，更多新型能源已经开始满足人类需求。根据不同的划分方式，能源也可分为不同的类型。

1. 按来源分为3类

(1)来自地球外部天体的能源(主要是太阳能)。除了直接的辐射以外，并为风能、水能、生物能和矿物能源等的产生提供基础。人类所需能量的绝大部分都直接或间接地来自太阳。正是各种植物通过光合作用把太阳能转变成化学能在体内储存下来。

煤炭、石油、天然气等化石燃料也是由古代埋在地下的动植物经过漫长的地质年代形成的。它们实质上是由古代生物保存下来的太阳能。除此之外，水能、风能、波浪能、海流能等也都是由太阳能转换来的。

(2)地球本身蕴藏的能量。通常指与地球内部的热能有关的地热能和与原子核反应有关的原子核能。

地球可分为地壳、地幔和地核三层，它是一个大热库。地壳是地球表面的一层，一般厚度为几千米至70千米不等。地壳下面是地幔，大部分是熔融状的岩浆，厚度为2 900千米。火山爆发一般是指这部分岩浆喷出。地球内部为地核，地核中心温度为2 000℃。可见，地球上的地热资源的储量也很大。

(3)地球和其他天体相互作用而产生的能量，如潮汐能等。

2. 按能源的基本形态可分为一次能源和二次能源

一次能源是指自然界中以天然形式存在，没有经过加工或转换的能量资源，包括可再生的水能、风能、生物能等资源和不可再生的煤炭、石油、天然气、油页岩等资源，其中水、石油和天然气三种能源是一次能源的核心，它们成为全球能源的基础。太阳能、风能、地热能、海洋能、生物能以及核能等可再生能源也包括在一次能源的范围内。

二次能源是指由一次能源直接或间接转换成其他种类和形式的能量资源，电力、煤气、汽油、柴油、焦炭、洁净煤、激光和沼气等能源都属于二次能源。

也可根据产生的方式分为一次能源（天然能源）和二次能源（人工能源）。

3. 按能源性质分为燃料型能源（煤炭、石油、天然气、泥炭、木材）和非燃料型能源（水能、风能、地热能、海洋能等）

人类利用自己体力以外的能源是从用火开始的，最早的燃料是木材，以后用各种化石燃料，如煤炭、石油、天然气、泥炭等。现正研究利用太阳能、地热能、风能、潮汐能等新能源。当前化石燃料消耗量很大，但地球上这些燃料的储量有限。未来铀和钍将提供世界所需的大部分能量。

4. 按能源消耗后是否造成环境污染可分为污染型能源和清洁型能源

污染型能源是指人类利用过程中会污染环境的能源。煤炭、石油类能源在燃烧过程中会产生大量二氧化碳、硫氧化物、氮氧化物及多种有机污染物。这些污染物，有的形成酸性降水，破坏环境，影响生态；有的降低大气能见度，某些有机污染物在阳光作用下又会形成光氧化物，对环境和人体健康造成危害；能源物质中夹杂的重金属元素也会污染土壤、水域等，造成危害。过去认为无害的二氧化碳，因会形成城市热岛，并因全球性温室效应使地球升温，也日益受到关注。

清洁型能源包括水力、电力、太阳能、风能以及核能等。清洁能源的优点在于保护大气，不污染环境。

清洁汽油也是一种清洁能源，使用清洁汽油的好处很多。在车辆方面，对汽油发动机，尤其是电喷发动机的汽车具有以下几点好处：

(1)减少污染。使用清洁汽油的汽车，尾气排放中的碳氢化合物（HC）、一氧化碳（CO）、氮氧化物（NO_x）将大大减少。

(2)清洁汽车部件。使用清洁汽油的汽车能够保持发动机燃油系统清洁，如化油器或喷嘴，进排气阀、火花塞、燃烧室、活塞等，燃油系统不会产生积碳，减少机械磨损，延长汽车使用寿命。

(3)省油。燃油系统清洁，油品的雾化程度提高，混合气完全燃烧，功率达到最大化。

(4)改善行驶性能。发动机容易启动，转速平稳，加速性能好。

(5)乘车感舒适。

5. 按能源使用的类型可分为常规能源和新型能源

利用技术上的成熟优势,使用比较普遍的能源叫做常规能源。它包括一次能源中的可再生的水能等资源和不可再生的煤炭、石油、天然气等资源。

新近利用或正在着手开发的能源叫做新型能源。新型能源是相对于常规能源而言的,包括太阳能、风能、地热能、海洋能、生物能、氢能以及用于核能发电的核燃料等能源。

就目前而言,随着科技的进步,太阳能、风能、氢能、海洋能这四种新能源利用成本已经有较大幅度下降,它们都属于可再生能源,对环境的污染极少。例如风能,现在国家已经相继建成很多大型风电项目,如华风电能等,海上风电发展也比较迅速。太阳能的光热利用,最普遍的是太阳能热水器,已经列入家电下乡的名单中。太阳能光伏发电项目,如10兆瓦敦煌太阳能光伏项目也已经进入施工阶段。

可燃冰被誉为是21世纪最有希望取代石油等化石能源的新能源。可燃冰在海洋和高纬度内陆地区有很丰富的储量,只是它们的开采至今没有很好的解决方法,开采不当将会加重温室效应。

由于新型能源的能量密度较小,或有间歇性等,按已有的技术条件转换利用的经济性尚差,还处于研究、发展阶段,只能因地制宜地开发和利用。但新型能源大多数是再生能源。其资源丰富，分布广阔，是未来的主要能源之一。

6. 按能源的形态特征或转换与应用的层次对它进行分类

世界能源委员会推荐的能源类型分为：固体燃料、液体燃料、气体燃料、水能、电能、太阳能、生物质能、风能、核能、海洋能和地热能。其中，前三个类型统称化石燃料或化石能源。已被人类认识的上述能源，在一定条件下可以转换为人们所需的某种形式的能量。比如薪柴和煤炭，加热到一定温度，它们能和空气中的氧气化合并放出大量的热能。我们可以用热来取暖、做饭或制冷，也可以用热来产生蒸汽，用蒸汽推动汽轮机，使热能变成机械能；也可以用汽轮机带动发电机，使机械能变成电能；如果把电送到工厂、企业、机关、农牧林区和住户，它又可以转换成机械能、光能或热能。

7. 按流通性可分为商品能源和非商品能源

凡是进入能源市场作为商品销售的能源，如煤、石油、天然气和电等均为商品能源。

非商品能源主要指薪柴、农作物残余（秸秆等）、人畜粪便等就地利用的能源，它在发展中国家农村地区的能源供应中占有很大的比例；这类能源约占我国农村居民生活用能的80%。

8. 按是否可再生分为再生能源和非再生能源

人们对一次能源又进一步加以分类。可再生能源是指可以再生的能源总称，包括生物质能源、太阳能、水力、风力、生物质能、波浪能、潮汐能、海洋温差能等。生物质能源主要是指雅津甜高粱等，泛指多种取之不竭的能源，严格来说，是人类历史时期内都不会耗尽的能源。可再生能源不包含现时有限的能源，如化石燃料和核能。再生能源在自然界可以循环再生。而非再生能源包括煤、原油、天然气、油页岩、核能等，它们是不能再生的。

可再生能源以它可以取之不尽用之不竭的特点被人们所青睐，它有以下几方面优点：

(1)开发利用可再生能源是落实科学发展观、建设资源节约型社会、实现可持续发展的基本要求。充足、安全、清洁的能源供应是经济发展和社会进步的基本保障。我国人口众多，人均能源消费水平低，能源需求增长压力大，能源供应与经济发展的矛盾十分突出。从根本上解决我国的能源问题，不断满足经济和社会发展的需要，保护环境，实现可持续发展，除大力提高能源效率外，加快开发利用可再生能源 是重要的战略选择，也是落实科学发展观、建设资源节约型社会的基本要求。

(2)开发利用可再生能源是保护环境、应对气候变化的重要措施。目前，我国环境污染问题突出，生态系统脆弱，大量开采和使用化石能源对环境影响很大，特别是我国能源消费结构中煤炭比例偏高，二氧化碳排放增长较快，对气候变化影响较大。可再生能源清洁环保，开发利用过程不增加温室气体的排放。开发利用可再生能源，对优化能源结构、保护环境、减排温室气体、应对气候变化具有十分重要的作用。

(3)开发利用可再生能源是建设社会主义新农村的重要措施。农村是目前我国经济和社会发展最薄弱的地区，能源基础设施落后，全国还有约 1 150 万人没有电力供应，许多农村生活能源仍主要依靠秸秆、薪柴等生物质低效直接燃烧的传统利用方式提供。农村地区可再生能源资源丰富，加快可再生能源开发利用，一方面可以利用当地资源，因地制宜解决偏远地区电力供应和农村居民生活用能问题，另一方面可以将农村地区的生物质资源转换为商品能源，使可再生能源成为农村特色产业，有效延长农业产业链，提高农业效益，增加农民收入，改善农村环境，促进农村地区经济和社会的可持续发展。

(4)开发利用可再生能源是开拓新的经济增长领域、促进经济转型、扩大就业的重要选择。可再生能源资源分布广泛，各地区都具有一定的可再生能源开发利用条件。可再生能源的开发利用主要是利用当地自然资源和人力资源，对促进地区经济发展具有重要意义。同时，可再生能源也是高新技术和新兴产业，快速发展的可再生能源已成为一个新的经济增长点，可以有效拉动装备、制造等相关产业的发展，对调整产业结构，促进经济增长方式转变，扩大就业，推进经济和社会的可持续发展意义重大。

随着各国经济发展对能源需求的日益增加，现在许多发达国家都更加重视对可再生能源、环保能源以及新型能源的开发与研究。相信随着人类科学技术的不断进步，专家们会不断开发研究出更多新能源来替代现有能源，以满足全球经济发展与人类生存对能源的高度需求，此外地球上还有很多尚未被人类发现的新能源正等待我们去探寻与研究。

第二章　生物能源的开发利用及转化技术

第一节　生物能源的概念及开发利用

生物能源又称绿色能源，是从生物质中提炼出来的能源。生物能源主要是源自于太阳能的转化。俗话说万物生长靠太阳，太阳能是取之不尽的，所以生物能源也就会用之不竭。生物能源是人类最早利用的能源。古人钻木取火、伐薪烧炭，实际上就是在使用生物能源。但是通过生物质直接燃烧获得能量是低效而不经济的。

随着工业革命的不断深入，化石能源的大规模使用，生物能源逐步被以煤、石油和天然气为代表的化石能源所替代，但化石能源毕竟是有限的。工业革命后，那令人称傲的飞速增长的 GDP，在全球能源短缺和环境问题面前变得尴尬，于是，追求绿色 GDP，寻找清洁能源，显得日益紧要。

生物能源，正是人们孜孜不倦追求的绿色能源。生物能源主要是以淀粉质生物，如粮食、薯类、农作物秸秆等为原料生产的石油替代燃料，而其中燃料乙醇和生物柴油尤被看好。发展生物能源，既能控制环境污染，减轻对石油资源的依赖,同时又能推动农业产业链的发展,被视为解决全球能源危机的最理想途径之一。

生物能源是一种可再生的清洁能源。开发和使用生物能源,符合可持续发展和循环经济的理念。因此,利用高技术手段开发生物能源,已成为当今世界发达国家能源战略的重要部分。

生物能源是一种既可储存又可运输的可再生能源,它分布较为广泛。下面简单地介绍一下生物能源的优势。

1. 缓解我国能源短缺,保证能源安全

生物能源的优势在于保障能源的安全,可以减轻对环境造成的压力。人类使用的三大主要能源是石油、天然气和煤炭,但它们都是不可再生的能源。据国际能源机构统计,这三种能源还能供开采的年限,分别只有 40 年、50 年和 240 年。开发新型能源已成为人类发展中的紧迫课题,核能还将有所发展,太阳能、风能、地热能、波浪能和氢能这五种新型能源,今后将会优先获得开发利用。如今最值得重视并且值得开发的新型能源是可再生的生物能源,如甜高粱,不但可以保证粮食的安全,还可以保证能源的安全,它可以通过能源的转化技术取代化石液体燃料,可以充分发挥生物能源的优势,从而彻底改变现在农村能源短缺的状况。

2. 治理有机废弃物污染,保护生态环境,充分利用生物能源的可再生优势我国现在因利用能源而导致严重的环境污染，例如烟尘和二氧化硫的排放，燃烧后的垃圾排放，和因使用薪柴破坏森林植被而导致的水土流失。

生物质能是由植物与太阳能的光合作用而储存于植物中的太阳能，最有可能成为当今主要的新型能源之一。据统计，植物每年储存的能量相当于世界主要燃料消耗的10倍，而作为能源的利用量还不到其总量的1%。通过生物质能转换技术，可以高效地利用生物质能源，生产各种清洁燃料，替代煤炭、石油和天然气等燃料。由此可见，发展生物能源，对保障我国能源安全具有重要作用。

生物能源的优点还在于它在众多的能源中是可再生的，也可以通过先进技术转化为液体燃料的能源，它的可再生性、经济性对环境、经济、国家的发展都是一大亮点。对生物能源的充分利用，不仅没有环境污染问题的出现，而且还可使目前污染严重的环境状况得以缓解。

3. 广泛应用生物技术，发展基因工程

能源生物技术就是用可再生的生物资源生产各种能源产品。其中，农林生物技术提供能源作物，工业生物技术则将能源作物以最经济的方式加工成能源产品，这些能源产品包括以燃料乙醇、生物柴油为主的液体燃料，以甲烷为主要成分的沼气。另外，还有可再生的生物氢能。在发展能源生物技术方面，我国虽然起步晚，但有其自身优势。

在建设社会主义新农村的今天，促进农业发展也是势在必行。农业的发展、农作物的利用都可以增加农民的收入。生物能源的利用，可以将那些闲置的荒漠地、盐碱地变废为宝，大面积种植这些能源作物，不但可以改善这些土地的地质，使得土壤更加肥沃，而且还可以培育出可再生的能源。

生物能源，是一种可再生的绿色能源，它的开发和利用是符合可持续发展观念的，使用也是安全的，所以国家利用高科技手段进行开发。开发利用生物能源已成为经济发展、减轻环境污染的重要途径。所以生物能源的开发利用前途是不可估量的。这样的能源与人民生活的需求也是相匹配的。因此，人类走向以生物能源开发利用为标志的可再生能源时代即将来临。

我们生活的地球上生物占绝大部分，因此，生物能源也是非常丰富多彩的，生物能源的开发潜力也是相当大的。伴随着生物能源的逐步开发和利用，许多生物能源有着很大的可开发性和可挖掘性。生物能源是一项新的能源，对这一能源的利用，人类需要不断地开拓新型技术，促进生物能源的不断发展，使其为人民日常生活服务，同时减少资源的浪费和环境的污染。

生物质的直接燃烧所获取的能量是低效而不经济的，传统的利用生物质能的方式逐渐落后。因此，必须通过更好的创新技术才能保证生物能源的质量与合理利用，变废为宝的转化技术也随之而来。

生物质通过各种方式代谢出的有机质所蕴涵的能量很

高。生物质的开发在一定程度上也会影响着生物能源的有效利用,进而对环境产生一定的影响。人类利用生物能源的历史要远远长于利用自然能源和矿物能源的历史。然而随着日渐严重的环境问题的出现,全社会已经开始减少矿物燃料的使用,转而把目光重新投向开发生物能源来减轻污染物的排放。提起生物能源,可能许多人都会感到陌生,其实生物能源就在我们身边,天天伴随着我们的吃、穿、住、行。从人类诞生之日起,生物能源就一直伴随着人类的进化与发展。原始人类的钻木取火,生火取暖、煮饭,都是在利用生物能源。

生物能源减少了对环境的危害,保障了能源的安全,更重要的是可以提高农民的生活水平,我国是粮食大国,同样也是资源匮乏的国家,发展生物能源十分符合我国的国情。

中国已经开发出多种固定床和流化床气化炉,以秸秆、木屑、稻壳、树枝为原料生产燃气。2006 年用于木材和农副产品烘干的有 800 多台,村镇级秸秆气化集中供气系统近 600 处,年生产生物质燃气 2 000 万立方米。

中国政府及有关部门对生物质能源利用也极为重视,已连续在四个国家五年计划将生物质能利用技术的研究与应用列为重点科技攻关项目,开展了生物质能利用技术的研究与开发,如户用沼气池、节柴炕灶、薪炭林、大中型沼气工程、生物质压块成型、气化与气化发电、生物质液体燃料等,取得了多项优秀成果。政策方面,2005 年 2 月 28 日,第十届全国人民代表大会常务委员会第十四次会议通过了《可再生能源法》,2006 年 1 月 1 日起已经正式实施,并于 2006 年陆续出台了相应的配套措施。这表明中国政府已在法律上明确了可再生能源包括生物质能在现代能源中的地位,并在政策上给予了巨大优惠支持,因此,中国生物质能发展前景和投资前景极为广阔。

中国在生物质能源方面,目前主要是雅津甜高粱秸秆和籽粒加工乙醇,渣加工颗粒燃料作为替代煤炭的可再生能源。

在光能应用方面,中国的光能农业发展处于国际领先地位,太阳能和农作物种子的直接结合,促使太阳能深层次的发展和利用。

农村、农民和农业的"三农"问题、环境与资源问题,是我国均衡发展、建立和谐社会的关键。建立庞大的能源体系,不仅为我国农业产业化、农村城市化提供良好的机遇,是我国相当长时间内发展的重要驱动力,也是解决这些突出问题的最佳切合点。

我国成立了生物质工程中心,目的是加强农业生物质技术研究,在生物能源的开发等方面取得突出进展,使人民的生活更加优质,回归自然,减少污染,减少资源浪费,让农业产业更加的多元化与具体化,促进农业的健康向上发展。为此,国内的众多科研院所也纷纷加入研发行列,试图开拓出自己的新道路。

第二节 生物质简介

一、生物质的来源及类别

地球上不同国家的自然状况与技术水平千差万别，对生物能源的开发与利用自然也就各不相同，但都高度重视生物能源的可再生性。由于外界自然因素对生物质限制很小，有生命的地方就有生物质。生物质的分布广泛，可以再生，使得生物质的开发和利用有着更大的空间和发展前景，所以生物能源在整个一次能源体系中占主导地位。

自然界的生物质来源是多元化的，种类也是非常丰富的。随着科学技术的发展，生物质的重要性逐渐被人们所重视。

生物质新能源是指通过生物资源生产的燃料乙醇和生物柴油，可以替代由石油制取的汽油和柴油，是可再生能源开发利用的重要方向。受世界石油资源、价格、环保和全球气候变化的影响，20 世纪 70 年代以来，许多国家日益重视生物燃料的发展，并取得了显著的成效。中国的生物燃料发展也取得了很大的成绩，特别是以粮食为原料的燃料乙醇生产，已初步形成规模。

美国科学家最新的研究成果显示，作为目前应用最广泛的两种生物燃料，生物柴油和乙醇燃料尽管比化石燃料更加优越，但不可能满足社会的能源需求。研究人员发现，即使美国种植的所有玉米和大豆都用于生产生物能源，也只能分别满足全社会汽油需求的12%和柴油需求的6%。而玉米和大豆首先要满足粮食、饲料和其他经济需求，不可能都用来生产生物燃料。生物质新能源大有可为。

发展可再生能源，尤其是利用植物光合产物转化成便于利用的能源，引起了全球的广泛关注。人类利用生物能源，实质是将植物通过光合作用把固定的碳能量释放出来。植物通过光合作用生成有机物，生物质可以吸收与存储太阳所释放出的能量，这些能量被植物吸收后一部分可以被植物吸收转化成生物质能，另一部分直接转化为热能。

生物质的好处在于：①无温室效应，即中性碳循环；②可再生能源有助于克服化石能源供应的萎缩。并且，发展生物能源不仅可以解决资源、环境的问题，还可以带动农业产业的发展，实现环境与经济效应的双赢。

生物质种类很多，但主要的是我们随处可见的木材、秸秆、稻草、麦秆、谷壳、杂草等植物类，非植物类主要有动物躯体、动物粪便、废水中的有机化合物、垃圾中的有机成分等，这些生物质虽然看似平常，但实际上对人民的生活有着巨大的帮助，可以作为我们日常生活的原动力来进行加工和研究。

由于生物质的利用大多在农村，这样生物质的发展就会有一定的地域限制和外在条件约束。目前，生物质的利用在不断地进步，所以农村未来能源需求量和消耗量的情况可以影响生物质的研究与利用。现在土地耕地面积正在慢慢地减少，生物质直接获取的经济性决定着生物质能的积累，所以我们要扩大生物质的研究和开发范围，去开发一些农村以外的海上、山区等地域的生物质，解除生物质利用的地域干扰，更加充分的利用地球上的生物质，减少环境污染，造福人类。

二、生物质颗粒技术

只要有生命的地方就有生物质的存在，而将那些分布零散、储运困难、使用不便的纤维素生物质，经成型的科学技术和炭化工艺，加工成燃料，改善燃烧性能，并使纤维素生物质的使用更为方便和集中。这样被压缩后的物质被称为生物质颗粒。生物能源成为商品能源的转换技术很受人们关注。

目前，大多数地区使用成型的生物质颗粒技术被归纳为三类，即螺旋挤压技术、活塞冲压技术及压辊式成型技术。在生物质作为能源的应用中，利用较为普遍的是前两类。

生物质颗粒压缩成型工艺形成有多种方式，根据主要工艺特征的差别，可划分为炭化成型、热压成型和湿压成型三种基本的类型。

1. 炭化成型

炭化成型工艺的基本特征是:首先将生物质原料炭化或部分炭化,然后再加入一定量的黏合剂挤压成型。

为了使成型块在运输储存和使用时不破损、裂开,并具有良好的燃烧性能,炭化成型时,一般都要加入一定量的黏合剂。如果成型过程中不使用黏合剂,则需要较高的成型压力,这将明显提高成型机的成本,造成生物质颗粒成本提高,不适合人们使用。

理想的黏合剂必须能够保证成型炭块具有足够的强度和抗潮解性,来防止在运输储存和使用的过程中出现坏损等现象。

成型炭块在燃烧时最好尽量避免产生烟尘和异味,由于原料纤维结构在炭化过程中会受到破坏,所以,黏合剂本身也可以燃烧。

2. 热压成型

热压成型是目前普遍采用的生物质压缩成型工艺。其过程一般包括原料粉碎、干燥混合,挤压成型,冷却包装等几个环节。

由于原料的种类、含水率、成型方式、成型模具的形状和尺寸等因素对成型工艺过程和产品的性能都有一定的影响,所以具体的生产工艺流程以及成型机构和原理也有一定的差别。但是在各种热压成型方式中,挤压成型环节是关键的作业步骤,在关键步骤上我们要特别注意,一定要科学合理的利用各种原料。

3. 湿压成型

湿压成型工艺常用含水量较高的原料，可将原料水浸数日后将水挤走，或将原料喷水，加黏合剂搅拌混合均匀。一般是原料从湿压成型机进料口进入成型室，然后原料在压辊或压模的转动作用下，进入压模与压辊之间，然后被挤入成型孔，从成型孔挤出的原料已被挤压成型，用切断刀切割成一定长度的颗粒从机内输出，再进行烘干处理。

一些地区从生物能源这一大方向来讲，特别是在秸秆开发利用方面取得了很大的进展，其技术水平、生产规模、产品的质量与数量、销售情况都处于领先地位，发展形势良好，值得我们去借鉴和学习。

三、生物质发电

生物质发电是利用生物质所具有的生物质能进行发电，这是可再生能源发电的一种。它包括用农林废弃物的直接燃烧发电、农林废弃物的气化发电、垃圾填埋气发电、沼气发电等。利用生物质发电最早起源于 20 世纪 70 年代，当时世界性的石油危机爆发，面对这种情况，丹麦开始积极开发可再生能源，推行秸秆等生物质发电。到了 20 世纪 90 年代，欧美许多国家开始发展生物质发电。

我国是农业大国，有丰富的生物质能源，各种农作物每年产生的秸秆、全国林木总生物量，都可以作为能源利用。如果能将这些能源有效利用，开发的潜力是巨大的。

为推动生物质发电技术的发展，2003 年以来，国家先后核准批复了河北晋州、山东单县和江苏如东 3 个秸秆发电示范项目，颁布了《可再生能源法》，并实施了生物质发电优惠上网电价等有关配套政策，从而使生物质发电，特别是秸秆发电迅速发展。

最近几年来，国家电网公司、五大发电集团等大型国有、民营以及外资企业纷纷投资参与中国生物质发电产业的建设运营。截至 2007 年底，国家和各省发改委已核准项目 87 个，总装机规模 220 万千瓦。全国已建成投产的生物质直燃发电项目超过 15 个，在建项目 30 多个。可以看出，我国生物质发电产业的发展正渐入佳境。

根据国家“十一五”规划纲要提出的发展目标，未来将建设生物质发电 550 万千瓦装机容量，已公布的《可再生能源中长期发展规划》也确定了到 2020 年，生物质发电装机 3 000万千瓦的发展目标。此外，国家已经决定，将安排资金支持可再生能源的技术研发、设备制造及检测认证等产业服务体系建设。总的来说，生物质能发电行业有着广阔的发展前景。

发展生物质能源发电的意义重大，首先能增加我国清洁能源的比例，其次能改善周围的环境，再次能增加农民的收入，缩小城乡的差距。不过，对于利用生物质发电项目的布局，应该注意的是要有序建设，合理布局，而且原材料的收购和运输等也要进行科学的规划。

第三节　生物质气化原料及性能

将生物质固体原料置于高温环境，通过热分解和化学反应，将其转化为气体燃料和化学原料等气态物质的过程称为生物质气化。

生物质气化所用原料主要是原木生产及木材加工的残余物、薪柴、农业副产物等，包括木屑、枝杈、秸秆、稻壳、玉米芯等。生物质气化所用原料的来源十分广泛，而且价廉易取，是很好的环保的生物质原料。它们挥发组分高，易裂解，是热化学转换的良好材料，有很大的发展前景。

以农业废弃物和木材废弃物为主的生物质资源分布较为分散，收集和运输较困难，不适合采用大规模燃烧技术，但是对于这样的生物质资源，中等规模的生物质气化发电技术具有独特的优势，也具备进入市场竞争的能力和条件。

生物质气化发电技术是洁净利用生物质能的有效方法之一，它可以在不产生污染的情况下把生物质能转化为电能，既不污染环境又达到从低利用率能源获取高质量能源的目的，是最有发展前景的可再生能源技术之一。对于人们的日常生活也是非常的实用和方便，所以说生物能源离我们的生活并不遥远，它每天都被应用于我们的生活之中。

生物质资源种类很多,分布广泛,要因地制宜地利用丰富的生物质资源。建立分散、独立的网络生物质,分布式电站不仅可以弥补电力供应的不足,而且可以有效减少环境污染和温室效应。现在社会是一个高速运转的大齿轮,人民的生活离不开电,企事业的发展更离不开电,电力已经成为我们生活、工作等必不可少的一项内容。通过生物质资源进行电能的转化不仅提供了充足的电力,同时也是一种重要的环保措施。

生物质气化在生物能源领域具有很大的投资价值,由此说明了生物质气化发电技术具有很大的影响力。

生物质气化发电技术应用范围广,灵活性好,可以用于处理碾米厂的谷壳,家具厂和造纸厂的木屑、树皮等,为工厂提供电力,也适用于处理林场及农场的秸秆、稻草、稻壳等,为缺电的农村地区和企业供电。

生物质气化主要特点有:

(1)生物质气化是采用循环流化床气化炉为燃气发生装置,利用气体内燃机代替燃气轮机,采用简单可靠的燃气净化方法。整个系统具有原料适应好,处理规模大,负荷适应能力强,发电效率高等特点。

(2)生物质气化采用新型专利技术,有效解决了燃气净化中的难题,采用特种菌种好氧、厌氧相结合的方法处理焦油污水,实现气化发电系统中焦油污水的循环利用。

(3)生物质气化及联合循环发电优化系统示范工程,克服了传统技术在部分国家利用的限制,大大降低了技术难度和系统成本,设备基本使用国产。

这些特点保证了气化发电系统的综合性能稳定,投资和运行成本都有明显降低。该系统可以达到成本低、效果好的经济技术指标。在全面分析市场需求的情况下,人们成功开发了生物质气化发电装置,提高了整个技术的实用性与经济性,为其推广使用奠定了良好的基础,并且取得了显著的经济效益。

该技术的推广及应用从根本上解决了中国农村普遍存在的秸秆问题,为无法根治的秸秆问题提供了有效的解决途径。生物质气化推广及应用的社会效益也是非常显著的。

第三章　生物质能与生物燃料

生物质能不但可以替代常规能源，而且还可以减轻常规能源带给环境的压力。因此，生物质能源的广泛性、再生性、环保性都是可观的。

生物质能受自然环境和气候的影响较小，所以，它的存在非常广泛。

我们了解生物能源也要同时了解生物燃料，它是可以替代石油提炼汽油和柴油的一种燃料，它是通过生物资源生产的燃料乙醇和生物柴油制取的，是可再生能源开发和利用的发展方向。

随着环境的不断恶化，大部分国家日益重视生物燃料的发展，提高生物能源的利用效率，部分国家已取得了显著的成绩。我国对生物燃料的研究也有了很大的发展，特别是以粮食为原材料生产乙醇的技术，也有了一定的规模，这是极其有益的。

目前，生物柴油和乙醇是应用最广泛的两种生物燃料，生物柴油和乙醇燃料尽管比化石燃料更加优越，但生产的生物燃料除了保证农民的需求外所剩无几，所以开发新型生物能源更加紧迫。

第一节　生物质能的开发利用及可获利性

很久以前就出现了钻木取火、伐薪烧炭等生存方式，其实质也是顺应了当时的生存环境，先辈们利用简单的技能，将其应用到生活中，以便满足生存所需。这样，简单的使用生物能源也就成为了现在生物能源开发的初始源头。

工业革命的扩张，以石油、天然气为代表的化石能源逐渐代替了生物能源，从而在能源发展的舞台上崭露头角。

工业技术发展的突飞猛进，工业化进程的加快，使人们逐渐认可了化石能源并且大规模地使用，与此同时也产生了大量的污染物，使周围的环境受到破坏，影响周边人们的生活质量，破坏了自然界的生态平衡，更污染了环境。

为了经济建设的可持续发展以及避开化石能源的种种弊端，现代生活需要一种环保的有益人们健康生活的绿色能源，生物能源的开发和利用再一次被人们重视和关注。因此，人类迈向了以生物能源的开发利用为目标、以安全为重点、以节能为己任的可再生能源时代。

生命无处不在，生机无处不在，我们生活在一个处处都是生物能源的大环境下，每天见到的花开花落、草长莺飞都可以作为可利用的资源，各种树木、风力、日常生活中的废弃物、粮食作物的秸秆等一些看似并无大用处的东西，其实恰恰是生物能源的重要原料。利用这些资源，不仅成本低，可以变废为宝，而且资源可再生，又是绿色资源，所以生物能源是资源利用的最佳选择。

我们在周围可以看见花儿每天在开放，感觉到树木每天在成长，听到鸟儿孜孜不倦地叫，所有的这些都依赖于生命，只要有生命的地方即有生物质的存在。

由于生物质能与煤、石油特性和内部构造相似，所以在进行处理和利用时可以采用相同或相近的技术，更加方便、实际。

从化学方面分析，生物质是由碳氢化合物组成的，它与石油、煤等一般的矿物质燃料同属于一类。由于煤和石油等矿物质燃料大多都是经生物质长期转换得到的，所以生物质可称之为矿物燃料的原分子，被喻为循环经济可利用的绿色煤炭。

生物质能不但可以转化为电力，还可以生成家喻户晓的各种燃气、直接应用于汽车等运输工具的油料或常规热力使用的固体燃料。

生物质能可以在不断创新的科学技术中发展，不必做太大改进就可以被人们充分利用，生物质能可以很大程度的替代常规能源，减少了资源的过度浪费。

未来生物质能的潜在能量是惊人的，是一种发展潜力巨大的能源。由于生物质燃料相对于矿物燃料来说有很高的挥发性，碳的活性也比矿物质燃料高，含硫的分量要比矿物燃料要低，也正因为这样，在使用生物质能过程中，排放到空气中的有害物质也会很少，对空气与环境的危害也会明显降低。

第二节　生物燃料的使用与发展

虽然各个国家农业发展原动力与政治影响力是截然不同的，但是面对生态日益失衡、环境污染严重的今天，各个国家都需要共同加入使用生物燃料的行列之中。如今，使用生物燃料的时机已经成熟。

我们每天都可以看到公共汽车、轿车等交通工具，无论是工作还是在日常生活中，这些是人类不可缺少的交通工具。特别是在大中小城市，这些交通工具所释放出的废气弥散在大街小巷上空，严重影响到人类的健康，所造成的环境污染越来越严重，是到了我们进行整治和改善的时候了。

现在石油价格一度飙升，粮食价格却一度降价，使得用粮食作燃料已不再是什么新鲜事。一些国家的乘客可以乘坐用柴油与豆油混合燃料驱动的公交汽车；一些国家研究出一种新型节能炉子，燃烧玉米来给自家供暖；部分农场主将种植玉米提升为主产，用来提炼乙醇，而将种植小麦和大豆转为副产。

所有这些以粮食作物作为能源开发利用的事实早已不是什么新鲜事。但凡事总有利有弊，大量的生物燃料的种植会占用种植粮食的耕地，造成粮食供给不足，导致粮食价格猛涨，甚至将有可能导致部分国家粮食短缺。不仅如此，在制造生物燃料的过程中，还需要大量的水，也会造成对水资源的压力。因此，开发利用生物燃料有待进一步研究。

目前，科研人员正在通过现代技术来利用农业废料与剩余残渣，如玉米芯等，而不是用农作物本身的果实来制造燃料。

不管怎么说，从环境方面讲，相对于传统的煤炭化石等常规能源，生物能源确实能更有效地保护环境。从能源安全方面分析，它也可以提升许多国家和地区的能源安全。但是，只有把优点与弊端相结合才能很好地权衡它的价值。

如果不科学的推广粮食生产燃料，对一些水资源缺乏的国家和地区来说，无疑是一项昂贵的开支。同时，对于耕地面积很少的国家，也存在着粮食供需的风险。

有的国家种植生物燃料有很明显的优势，但即使是这样，在这些国家中，资源的保护伞往往也是比较脆弱的。俗话说"能量不灭，汽车不息"，可是伴随着农产品价格的不断上涨，很多人不禁提出疑问，到底是生命重要还是生活更重要。

综上所述，目前在生物能源的开发利用与农田保护、粮食安全、能源成本等诸多方面还存在着很多的矛盾，无疑要求我们利用现代科学技术来逐一破解这些难题，并从生物能源发展的长远利益着眼，理性地对待发展与现状的矛盾，才能使生物能源的利用有更好的发展前景。同时，政府的鼓励以及政策的支持，也会促进生物燃料的发展。

第三节　国内外生物燃料的发展

根据生物燃料发展现状，作为应对生物燃料变化战略的一部分，许多国家政府要求，在未来时间里汽油和柴油中要增加生物燃料的成分。保证燃料质量的前提下，在汽油中将会增加可再生的乙醇含量。

生物燃料的原料来源将会是生物燃料的重要问题，由于生物柴油工业有了快速发展，很多地区对生物柴油也有很大的需求量。

从消费水平上看，对生物柴油的发展也主要以发达国家为主，开拓新的消费市场已经很受国家和政府的关注。

东南亚正在崛起并成为一个主要的生物柴油供应的地区，有可能成为生物柴油生产基地。这样的规划使得各国政府和企业纷纷加大马力投资发展生物柴油工业，生产生物柴油的工厂也分布广泛。

目前，生物乙醇工业也逐步发展起来，一些国家除了在本国发展生物乙醇工业外，还积极地与其他国家共同推广使用生物乙醇汽油，因此生物乙醇燃料有了广泛的应用。燃料乙醇不但能代替部分汽油，而且排放的尾气更清洁。

燃料乙醇是指以玉米、小麦、薯类、高粱、甘蔗、甜菜等粮食作物和非粮食作物为原料，经过发酵、蒸馏制得乙醇，脱水后再添加变性剂，成为变性的燃料乙醇。

人们日常吃到的玉米，它不但可以食用而且还可以经过一定的技术，提炼出可以作为能源利用的乙醇。目前，以玉米为原料的产出生物燃料乙醇的技术开始走向成熟。

燃料乙醇的使用有两种方法。一种是以乙醇为汽油的"含氧添加剂"，另一种是使用乙醇代替汽油，在汽油中添加乙醇作为原动力，有的汽车已经大量使用纯燃料乙醇。

燃料乙醇是国内外公认的生物能源产品，能够以一定的比例与汽油和柴油等成品油混配后供车辆直接使用。燃料乙醇的热值比汽油热值低，会使动力性能下降，但乙醇中含氧，提高了燃料的热值与功率，从而使油耗相应减少，两者相抵，使总体油耗持平或略有降低。

在玉米产量很大的前提下，国家才能支付起高额的成本。现在很多地区正致力于将废弃生物质等转化为乙醇燃料，用来解决原料供应不足的问题。

目前，我国的燃料乙醇生产技术已基本成熟，可以进行规模化生产，甘蔗、甜菜、玉米、小麦、薯类、秸秆等都可用于燃料乙醇的生产。国家已正式批准在吉林、河南、黑龙江和安徽四省建设规模宏大的大型燃料乙醇装置。

有的地区以木质纤维素作为原料生产生物燃料乙醇。木质纤维来源于农业废弃物，如麦草、玉米秸秆等；工业废弃物，如造纸厂的废弃残渣等；城市废弃物，如废纸、包装纸等。

目前，很多国家正准备研究利用木质纤维素发酵的技术生产出乙醇，但是，由于缺乏经济可行的发酵技术等一系列的障碍，导致工业利用木质纤维质为原料生产燃料乙醇的问题重重，技术的优化与改良，成本需要降低等问题仍然存在，这些棘手的问题有待我们采取措施进行解决。

很多人喜欢观海，喜欢湖边散步，不难发现，在海边、湖边有许多的藻类存在。说到藻类，我们第一反应就是这些植物很常见、很平凡。但就是这样细微的植物，它却是潜在的生物燃料原料，一些企业正在以藻类为原料生产生物燃料乙醇。利用发电厂排出的二氧化碳来养殖能转化为生物乙醇的藻类，此项技术已被证实并且开发利用。所以藻类资源的开发是一项有着广阔发展空间的项目，我们应该积极地促进这一项目的实施和发展。

在生物资源慢慢开始起步的今天，常常被人们忽略的生物丁醇也开始被广泛关注。除了生物乙醇，生物丁醇也是可以利用的生物燃料，丁醇难溶于水，并且丁醇的能源密度要高于乙醇。

另外，乙醇必须在终端进行混合，而丁醇在炼厂就可以进行混合。因此丁醇避开了乙醇难以解决的基本设备问题。

我国玉米资源比较丰富，是第二大玉米生产国。在高度关注能源危机、能源危机问题日益严重、急需开发利用可再生资源的形势下，以玉米为原料生产的燃料乙醇，也列入了许多企业开发和投资的课题中。我国可再生能源利用率也将达到很高的标准，掺入一些燃料乙醇的汽油也成为中国能源转化的热点。

甘蔗是生产食糖的初级原料，在很多甘蔗产区，除了加工食用糖以外还有甘蔗剩余。这些剩余的甘蔗会被浪费和处理掉。因此，有的地方正着手于研究开发由甘蔗生产燃料乙醇，使剩余的甘蔗能够充分的被利用，同时填补急需乙醇的这一社会需求缺口。不久的将来，有些汽车将使用甘蔗生产的燃料乙醇来作为能源。用甘蔗生产燃料乙醇，同时恰到好处地控制成本，将会有很好的前景。但我国甘蔗产区主要种植甘蔗的面积不是很多，而且随着国内食糖消费量的增加，价格也一再上调，甘蔗生产燃料乙醇的生产成本将可能高于由玉米制造燃料乙醇。

大力发展乙醇汽油，继续推广非粮食能源作为生物燃料的原料，并且将加大对这方面的科学技术及科研投入力度。适度的发展燃料乙醇行业，坚持生物能源与粮食利用平衡发展，分配均匀，在确保粮食供给充分安全的前提下，国家会采取一些扶持燃料乙醇生产的政策，使得粮食与能源双丰收。

国家将坚持非粮食为主，积极稳步地推动生物燃料乙醇产业发展。为保证粮食安全，相关部门对一些地方盲目发展玉米加工乙醇的形势实施了紧急刹车。大量应用玉米加工乙醇，对玉米的种植和产量上会有很大一部分要求和需求。为了不进一步刺激玉米需求，现在和将来都不会鼓励用玉米大规模的发展燃料乙醇。目前，国家鼓励利用农作物秸秆来生产燃料乙醇，这样就减少了粮食的不必要浪费，保证国家粮食的安全，同时又能使一些废旧的资源得到回收利用，减少了资源浪费，解决了环境污染等问题。

针对这一资源利用的问题我们应该展开相应的规模化利用，还要大力地进行非粮食作物的开发和利用。

第四节　生物燃料的前景及制约因素

一、前景

在我国，非粮食生物质资源是非常丰富的，作为农业大国的中国，地大物博，不但有农作物秸秆、红薯、甜高粱，还有甘蔗、甜菜等。但是这些作物普遍存在储运、收集的难题，生产中又有技术设备不成熟等诸多问题，另外农业生产的季节性和工业化生产连续性之间相互矛盾也是制约非粮食乙醇发展的主要因素。

乙醇燃料的推广及使用促使粮食价格逐渐上涨，这一问题给生活的百姓带来一些困扰。让人民担忧的迹象也频频出现。一些积极推广乙醇燃料的国家粮食已出现短缺情况。

一些将乙醇汽油代替常规能源为目标的国家，粮食产品与乙醇燃料争夺也日趋白热化，玉米粮食作物应用于乙醇燃料上的问题会导致玉米在食用和使用上会出现不均衡的现象。

专业研究机构预测，将由玉米的出口转变为进口，而加工企业抢购粮源必然会使玉米价格继续上升。我国的玉米都是非常适合人畜食用的非转基因玉米，因此，用来生产乙醇燃料显然不适合，可以说是在资源上的浪费的同时又加大了玉米生产上的压力。

我国可再生能源在能源结构比例上也将会有所提高。在新能源开发领域中的投资也会加大，致力于发展新能源的开发利用等将会更加趋向商业化。但是由于很多企业盲目使用粮食生产燃料乙醇，已经涉及粮食安全的问题，所以不能再用粮食生产燃料乙醇。

从全局出发，用非粮食物质代替石油将是长远发展计划。石油是有限的，并且开采和使用过程也会污染环境的。由于我国农村劳动力丰富，在自家或者很多地角都可以种植纤维素原料植物，这些原料成本低，对环境无害，我们可以将其废物利用，将这一项生物能源开发做得更加具体、系统和规范化，对发展是很有利的，对环境也是有益的。

2009 年，全球生物燃料的产量为 7 220 万吨，减排 1.240 亿吨二氧化碳。其中，燃料乙醇产量达 5 860 万吨，生物柴油产量为 1 362 万吨。生物燃料在减排上取得了很好的成绩，这更加大了人们对它的渴望和期待。

其实早在20世纪60年代初，一些经济发达的国家就已开始利用燃料进行新的探索，这些国家利用粮食和甘蔗秆等高能植物制造生物柴油、燃料酒精等。20世纪80年代，巴西利用油价低迷、各国发展替代能源动力不足的时机，充分利用本国甘蔗高产的优势，抢占燃料乙醇发展先机，成为当今世界最大的燃料乙醇生产国和消费国。与之发展同样迅速的还有德国，目前，德国已成为全球最大的生物柴油生产国，生物燃料已占德国再生能源市场的60%以上。

近几年，生物燃料在能源市场的发展更为迅猛。巴西乙醇总产量约为3 700万吨，比上一年度增长4.5%。美国再生燃料协会发布报告表示，2009年美国乙醇行业的产量达到3 200万吨，占世界总产量的36%。欧盟2008年燃料乙醇产量为360万吨，比上一年度增加57%。中国也已成为世界第三大乙醇生产国家，年产量约为2 011万吨。

为了解决我国经济社会发展中存在的各种问题，中国借鉴了欧美等发达国家的成功经验，有组织地进行了燃料乙醇和车用乙醇汽油的研究和应用。2002年6月开始，郑州、洛阳、南阳、哈尔滨、肇东五个城市进行车用乙醇汽油使用试点，试点取得成果经验后，在全国推广应用。截至2009年底，我国燃料乙醇产量已接近175万吨。

与巴西、美国相比，我国在生产技术上还存在很大差距。我国生产1吨乙醇需要3.1吨的玉米，耗水8吨，能耗为0.6～0.8吨标煤，而美国1吨乙醇能耗仅为0.4吨标煤。我国生产燃料乙醇的成本约为 5 835 元/吨，巴西仅为 1 880 元/吨。生产技术不成熟导致成本加大，使生物燃料难以在能源市场上与其他替代能源竞争。

被誉为第二代生物燃料的纤维素乙醇得到各国专家的多数认可。与主要以粮食为原料的第一代生物燃料相比，纤维素乙醇的原材料主要是秸秆、木屑乃至城市垃圾等通常未被充分利用的材料。由于其拥有取材廉价、广泛，改善环境等优点而备受青睐。世界上许多国家都制定了相关计划，大力发展纤维素乙醇。虽然纤维素乙醇优点很多，但生产成本成为决定其能否实现商业化生产的关键。

目前，欧美等发达国家已开始第三代生物燃料的研发和推广，随着各项技术的不断革新，生物燃料存在的问题将逐渐得以解决，让土地既长粮食又长能源的设想或许已不再遥远。

二、制约因素

根据相关研究表示，一向被称为绿色燃料的乙醇燃料并非如人们所愿可以保护环境，而是加剧了环境污染。乙醇燃料对人和生物健康的损害远比人们想象得还要大。

以乙醇为燃料的车辆可能影响更多人的身体健康，这一绿色能源并不绿色。如果用以乙醇为燃料的车辆替代所有的轿车和卡车，乙醇燃料从绿色将可能变为灰色燃料，成为污染环境的潜在杀手。

另外，在生产乙醇的过程中造成了另一种环境污染，不但减少生物多样性而且还增加了对土壤的侵蚀。有的地区虽然用非粮食作物甘蔗来生产乙醇燃料，但是需要消耗很多的水。水是生命之源，是我们生存的重要与安全的保障，生产乙醇过程需要消耗大量的水，这样会威胁到水资源的正常分配，加大水资源的利用负荷，从而造成水资源的缺失，给生态环境增加负担。

目前，普遍是用玉米生产生物乙醇，但是产出效率比较低。即使技术较为先进的工厂，玉米也只能生产出与乙醇不相比例的效果，而且在生产乙醇和栽培玉米等原料作物过程中消耗的能量也相对比较多，同时也会排放二氧化碳。一些国家对生物燃料乙醇的经济效益性产生了质疑。

生物燃料在生产过程中所消耗的能源比它们所能够产出的能源要多，并且生物燃料生产成本高于它们所替代的石油燃料。能源成本首先包括种植作物所需的化肥，也包括进行转化所需的水及电力等，这一系列的消耗使得生物能源的经济成本较大。

经济成本包括除草剂、人工与机械等。与汽油相比，乙醇还增加了运输成本，其实乙醇在使用过程中降低了发动机效率。

木质纤维素、玉米、大豆等多种生物燃料原料，植物的能源经济性较低。植物生长都需要二氧化碳，当这些植物作为燃料或者转化为其他用于燃烧用途的燃料，再次释放出二氧化碳。从这个角度看，生物质对碳吸收与排放的影响是呈中性的。

同时，可用燃料在转化过程中的耕种、施肥、施杀虫剂、运输等能源消耗中，化肥是消耗能源的主要方面。

如果以煤作为原料或者采用需要部分氧化的其他工艺，就会消耗大量的化肥原料。在机械开采、粉碎、干燥等环节，化肥在生产生物乙醇、生物柴油过程中所消耗的能源消耗量也是比较大的。

我国规划对新型能源开发将继续加大力度，这必将大大促进生物燃料产业的发展。为了避免对粮食生产安全的威胁，发展燃料乙醇也正在从粮食为主的原料路线向非粮食为原料的路线，同时作为调节粮食供不应求的措施。保障了玉米作物在食用等方面得到充足供给，与此同时，也要对玉米燃料乙醇保持适度的规模。

第四章　甲醇与乙醇

甲醇又名木醇、木酒精，是最简单的饱和醇，甲基氢氧化物，是一种无色、透明、易燃、易挥发的有毒液体，略有酒精气味，能与水、乙醇、乙醚、苯和许多其他有机溶剂相混溶。

燃料甲醇是指未添加变性剂、可作燃料用的无水甲醇，因此燃料甲醇的成本往往比工业甲醇低，因为对它只有可燃烧和无水的要求。

乙醇俗称酒精，是以玉米、小麦、薯类等为原料，经发酵等工序制成的。将乙醇进一步脱水再加上适量汽油后就形成了燃料乙醇，燃料乙醇又叫乙醇汽油，是一种新型的高效清洁型能源，这种能源能够减少相应的环境污染。

乙醇汽油是一种由粮食及各种植物纤维加工成的，和普通汽油按一定比例混配形成的替代能源。纯乙醇通常不用做汽车燃料，而乙醇汽油的使用却能够在很大程度上减少燃料费用，进而减少了汽油燃烧后产生的有害气体的排放。任何量的乙醇均可与汽油掺混。

第一节　甲醇的来源与技术

甲醇来源于煤、天然气、煤层气等。从制造成本看，甲醇生产规模越大，制造成本越低。从当前汽油、柴油市场价格看，甲醇市场价格上升，表明市场需求量在不断的增大。

甲醇的赢利空间也很广阔。很显然，无论是甲醇生产成本，还是市场价格都低于汽油、柴油价格，即使甲醇的使用效果没有达到预期标准，但是发展燃料甲醇在经济上仍然是合算的。

甲醇价格的优势，决定了甲醇作为石油替代产品具有国际竞争力。如果把甲醇作为化工原料，并开发深加工产品，拉长甲醇产业链，将带来更高的效益附加值。在石油短缺的形势下，发展煤化工产品补充或替代石油化工产品和原料，也会有很好的发展前景。

近几年，在科技创新方针的指引和实施能源替代战略的推动下，国内甲醇的合成技术有了新的发展和进步。

(1)高效甲醇合成催化剂技术研发较快。在科技创新发展过程中，对甲醇催化剂的研制与开发也从没有间断过，不断出现低温活性更好、时空收率更高、稳定性高的新型甲醇合成催化剂。开发成功的新型甲醇合成催化剂，不断将其性能水平提高，逐步接近市场所需要的先进水平。

(2)国内单位系列大型甲醇装备技术发展迅猛。很多单位在甲醇大型合成设计方案做了大量的创新工作，拥有多项自主创新的先进技术，为甲醇生产规模扩大及推广奠定了基础。这些有关甲醇的新型核心技术的开发成功和推广，将为我国甲醇产业的发展和实现节能减排提供有力的技术支撑。

在汽油中掺入适量甲醇，汽油机不需要进一步改良就可以使用，而且燃烧情况良好，排气中污染物也相对减少，有利于保护环境。

有些人还曾试过将发动机改造后直接用甲醇开汽车，效果也很明显。但是，迄今为止甲醇汽油尚没有被大量使用，这主要是由于甲醇的毒性、对金属的腐蚀性和对橡胶的解溶性造成的，这些特性对空气、对汽车的零部件等都有所损害，这些因素都造成甲醇的应用并不广泛。

甲醇和汽油并不能完全互溶，因而还需要加入适量的助溶剂以防止它们分层。此外，由于甲醇是溶于水的，所以甲醇汽油中不能含水。

甲醇还有一个极有前景的用途是可作为燃料电池的原料，我们可以针对这一优点将其应用于电池生产的行业。

所谓燃料电池就是把氧气和氢气分别通入电池的正极和负极，在电池中发生氢和氧化合为水的反应，并将反应的化学能转变为电能，进而可以驱动电动汽车等。这种能量转换方式不仅效率极高而且污染很少，是一种很不错的方式。

作为燃料电池的原料，可以用氢气、天然气、汽油以及甲醇等。可是，氢气和天然气都是气体，不便大量储存和使用，从汽油转换为氢的设备又非常复杂，至今还没有形成一套成熟的技术，而甲醇不仅富含氢，而且又是便于储存和使用的液体，所以它是燃料电池汽车比较理想的燃料。

现在汽车尾气的污染已成了城市的公害，每天我们都要吸入大量的污染气体，日积月累，对我们的身体会有严重的影响。由于城市的扩大，交通工具大众化，人们购置汽车等已经是常见的事情，汽车应用的越来越多，相应的污染就越来越严重。空气中污染气体、粉尘等的含量每天都在增加。以甲醇燃料电池为能源的电动汽车的出现，为城市增添一份绿色，无疑是人们的一大福音。

第二节　甲醇在国内外的利用情况

随着人口的不断增长和人民生活水平的不断提高，人们在吃、穿、住、行上都有更高一层次的要求，对矿产能源的需求量也日趋增大。但是传统的石油、天然气资源日渐匮乏，这些资源有的不可再生，可再生的又需要很长的时间。特别是世界剩余可采储量的石油日趋减少，因此，如何解决这一棘手的问题，寻求替代能源已成为世界各国经济发展的关键，也是各个国家特别关注的问题。

世界石油危机之后，很多国家先后投入了人力、物力，进行甲醇燃料及甲醇汽车配套技术的研究开发。部分国家加紧了对甲醇燃料电池车的技术利用和市场推广。同时，许多国家对乙醇替代燃料的使用也在不断地扩大。一个推广使用环保、清洁及可替代新能源的态势正在逐步形成。

甲醇是一种易燃、易挥发的无色透明液体，具有与现实使用的液体燃料极为相似的燃烧性能，抗爆性能好。

甲醇的生产原料十分广泛，产品的运输、储存、分装使用与目前市场上所供应的内燃机用汽柴油特点也很相似，方便于转型和推广。

在汽油中掺入适量甲醇及用纯甲醇实验研究方面已进行了大量实质性的研究工作，汽车无须做任何改动，将甲醇直接掺入汽油中使用，既方便又环保，这项研究已获得了成功的经验，为人们的生活提供了很大的便利。

甲醇燃料在价格上具有明显竞争优势。甲醇生产成本较低，比起直接液化制油和间接液化制油用煤量具有明显的成本优势。

即使按照热值计算，甲醇的价格也会低于汽油、柴油，因此，甲醇完全具备低于汽油、乙醇的市场价格的竞争力。

甲醇燃料作为新型替代能源，无论是直接使用如甲醇燃料或甲醇汽油，还是间接使用如甲醇燃料电池，均具有较广阔的发展空间。随着煤制甲醇技术的成熟，工艺路线的多方面开发，如用焦炉气制甲醇、煤层气制甲醇等。

在相关政策、配套设施的不断完善下，煤化工产业也在不断的兴起成熟，煤炭的附加值将会得到有效的提高，并带动相关产业发展，扩大各化肥厂的规模，增加就业岗位，拉动周边经济的发展等。总之，将会给当地相关产业带来巨大的影响。

甲醇汽油的试点已经推广到很多地方。困扰甲醇燃料推广的价格等一系列问题正逐步得到解决，煤化工产业将承担起历史的重任，一个具有较大发展空间的商机已经来临。

目前，人们对甲醇燃料产业的开发十分重视，已经改造和新建了部分甲醇燃料生产企业。但是，创新技术在深度和广度上还亟待加强。

第三节　甲醇的优缺点及发展

甲醇在生产制取中有优势也有劣势，它的优点在于，甲醇可以用天然气和有机物生产，摆脱了对石油的依赖。

甲醇不易燃烧，不会发生燃烧与爆炸的危险，安全性好。甲醇的重整技术较成熟，重整时温度较低，目前，已有一些燃料电池发动机系统的专业公司，同时拥有商品化的燃料电池发动机系统，适合装配各种不同的车型。

甲醇是液体燃料，储存、保管、携带都很方便，可以利用现有的汽油的储存、保管方式进行管理，而且还可以利用小型甲醇生产体系来供应甲醇，甲醇充加速度快，不需要特殊的安全装置，只要有足够容量的燃料箱即可，同时还可以大大延长汽车行驶里程。

甲醇有很好的利用价值，同时也存在弊端，以甲醇为燃料的燃料电池发动机系统因为增加了重整器、净化器和管道等，因此降低了其原有的性能，使系统结构变得更复杂，对结构件的密封和耐震动的要求也更高。

甲醇在重整过程中会产生二氧化碳等有害气体，需要装置净化器使其纯化，防止一氧化碳对催化剂的毒害。在反应过程中，需要有热管理系统对其进行管理并利用其热量。

(1)甲醇生长促进剂。经研究表明，用甲醇生长促进剂喷洒在不同的农作物上，可以大量增产。另外喷洒甲醇生长促进剂后，农作物还会保持枝叶鲜嫩、茁壮茂盛，即使是在炎热的夏季也不会枯萎，可大量减少灌溉用水，有利于干旱地区农作物的生长。

近几年来，甲醇生长促进剂的肥效作用已经引起国内外专家的高度重视。甲醇的这一用途，可以大大缓解我国肥料的供求矛盾。

(2)甲醇蛋白。无论从甲醇产品开发，还是从饲料工业需求角度分析，甲醇蛋白都是十分重要且极具市场潜力和发展前景的产品。以甲醇为原料经微生物发酵生产的甲醇蛋白被称为第二代单细胞蛋白。

与天然蛋白相比,甲醇蛋白营养价值高,其粗蛋白含量比大豆高得多,而且含有丰富的氨基酸以及丰富的矿物质和维生素,可以代替鱼粉、大豆、骨粉、肉类和脱脂奶粉等。

据有关专家分析,我国蛋白质饲料需求量较大,而资源供给量却相对较少,出现了供不应求的缺口。解决好我国蛋白质饲料原料的这高额缺口,是摆在我国饲料企业面前的巨大商机。如果蛋白质饲料缺口由甲醇蛋白顶替,则需求量将大大增加,这个需求量如果能够实现,对甲醇工业影响是十分重大的。

第四节　乙醇的发展及优势

我国最先起步的是生物质转化替代石油,即乙醇汽油。乙醇的生产原料是很丰富的,淀粉质原料是乙醇生产的最主要的原料,淀粉质原料主要有甘薯、玉米、大麦、大米、高粱等。糖质原料主要是甘蔗、甜菜等。

纤维素原料是最有潜力的乙醇生产原料,纤维素原料主要有农作物秸秆、森林采伐和木材加工剩余物、柴草、生活垃圾的一部分等。其他原料也包括很多,如造纸厂的纸浆废液、淀粉厂的淀粉渣、奶酪工业的副产品等。

从机理讲，乙醇汽油因加入10%的乙醇，其热值理论上降低了3%，使汽油中含氧量增加3.5%，将原汽油中不能完全燃烧的部分充分燃烧。

乙醇的优势在于：

(1)排放性能好。使用车用乙醇汽油，在不进行发动机改造的前提下，使燃料燃烧更加充分，动力性能基本不变，尾气排放的一氧化碳及碳氢化合物比例降低，有效地减少了有害尾气的排放，减少对空气的污染。

(2)积炭减少。由于车用乙醇汽油的燃烧特性，能有效的消除在气门、排气管、消声器等部位产生的积炭，避免了因积炭过多而引起的故障，延长车部件的使用寿命。

(3)动力性能好。乙醇可采用高压缩比提高发动机的热效率和动力性。再加上其蒸发潜热大，可提高发动机的进气量，从而提高发动机的动力性。

(4)使用方便。乙醇常温下为液体，操作容易，存储和运输方便。对传统的发动机技术有继承性，特别是使用乙醇汽油混合燃料时，发动机结构变化不大。

(5)资源丰富。我国生产乙醇的主要原料有含糖作物、含淀粉作物以及纤维类原料，这些都是可再生资源且来源广泛，因而使用乙醇燃料可减少车辆对石油资源的依赖，有利于我国的能源安全。

如果把每年农民白白焚烧的秸秆收集处理后加工乙醇，替代车用油，那么将会节省大部分的能源，并且还可保护环境，减少环境污染。

为解决陈化粮问题，燃料乙醇生产试点项目开始进行，很多国家非常关注的一个问题，就是粮食涨价的问题。以玉米为主的粮食生产燃料乙醇存在与人争粮问题。

在发展生物燃料乙醇的同时，必须要遵循的三个不得与四个坚持，即不得消耗粮食，不得占用耕地，不得破坏生态环境。同时要坚持科学利用，坚持以人为本，坚持环境生态保护，坚持可持续发展。

今后乙醇原料的发展方向基本上就是薯类即红薯，红高粱等。植物纤维也有望成为乙醇生产的资源。纤维素乙醇研发已取得阶段性成果，加快纤维素乙醇产业化，对根本解决能源和环境的制约，可以有效促进农村经济的发展与繁荣，实现我国经济社会的可持续发展意义重大。

同时，要开发出以玉米秸秆等农作物剩余为原料生产燃料乙醇的转化技术。这项技术的发展对燃料乙醇的发展有着很大的帮助，通过技术的不断完善，运用这些先进技术将植物中的纤维素分解成可发酵糖，并进一步转化为乙醇。

大规模的工业化应用，将带来燃料乙醇生产原料和转化技术的根本性变革，开启生产工艺的新纪元，既实现了变废为宝，又可大大降低环境污染，缓解能源危机，同时还能为人类生产生活等方面提供服务。

第五节　乙醇在国内外的利用状况

目前，较为成熟的生物转化方法是以玉米为原料转化燃料乙醇的，但其原料成本比较高，对国家的粮食生产有一定的威胁，造成乙醇与人争用玉米，使得玉米的应用渠道不平衡。因此，各国的研究主要集中在以木质纤维素为原料。

木质纤维素是目前最丰富的可再生资源，据估计，木质纤维素原料占生物质总量的比例很高，由木质纤维素生物转化成的燃料乙醇越来越引起各国的广泛注视。

各国研究利用木质纤维素发酵生产乙醇的主要工艺有：

(1)预处理工艺，即通过各种方法，如气爆法、湿氧化法等几种方法的组合，破坏秸秆中的纤维素、半纤维素与木质素的结构，使之松散。

(2)水解工艺，即通过酶法或酸法把上述物质中的纤维素、半纤维素水解成六碳糖和五碳糖。

(3)发酵工艺，选用特殊菌种对上述六碳糖和五碳糖进行发酵，生产酒精等几类技术关键进行攻关。

但是由于酶解成分过高，缺乏经济可行的发酵技术等一些障碍，所以，建立用木质纤维质原料生产燃料乙醇的工业企业还是很困难的。因此，技术线路的改良、生产过程中成本降低及乙醇综合利用等问题，是需要我们深入探讨、研究、解决的重要课题。

经过很长时间的努力，其关键技术——纤维素酶——有了新的突破。纤维素酶解将不再是发展纤维质制取燃料乙醇的制约因素了。

由此可以推测，纤维质原料生物转化燃料乙醇工业化的进程有可能会提前。迄今为止，全世界已经有几十套纤维质原料经纤维素酶水解成单糖的生产线或小试生产线，最终大部分产出的产品是乙醇。

原来国内开展乙醇燃料研究及应用工作的并不多，这项工作技术上的一些内容及体系并不完善，在能源管理办公室的支持下，所属有关科研机构对乙醇作为车用燃料进行了一系列的研究和探索。

根据相关部门指示，要求组织有关科研单位，开始对乙醇作为车用燃料的可行性进行了系统分析与研究。已经完成的研究工作有很多，这一工作正在有条不紊地进行着。例如燃料乙醇作为车用燃料的可行性试验研究、乙醇汽油的行车试验、燃料乙醇作为车用燃料的经济性分析、变性燃料乙醇及车用乙醇汽油国家标准的制定、燃料乙醇金属腐蚀抑制剂研究、车用乙醇汽油应用技术研究等。一系列的研究可以促进纤维质原料生物转化燃料乙醇的发展进程。

第五章　生物柴油的利用

生物柴油指的是以各种油脂为原料，它包括动物油脂、植物油、废餐饮油等油脂，经一系列加工处理过程而生产出的一种液体燃料，可以作为优质的石油柴油替代用品。生物柴油是清洁的可再生能源，可以选择的原料包括：亚麻、大豆、菜子、橡胶子、膏桐子、蓖麻、花生、棕榈、棉花子等油料水生植物，以及动物油脂、废餐饮油、地沟油等；还可以工程微藻等为媒介进行生产。生物柴油是优质的石油柴油代用品。

生物柴油也是近年来发展迅速并规模化使用的生物替代能源。生物柴油是以植物油如大豆油、菜子油，其他丰富的非食用油和动物油脂如猪油、牛油、鱼油等，以及废弃的食用油为原料生产出的清洁可再生能源。

生物柴油是生物质能的一种，它是生物质利用热解等技术得到的一种长链脂肪酸的单烷基酯。

与普通柴油相比，生物柴油有以下优异性能：

(1)生物柴油有优良的环境保护特性。硫含量低，二氧化硫和硫化物的排放低、生物柴油的生物降解性高达98%，降解速率是普通柴油的2倍，可大大减轻意外泄漏时对环境的污染。

(2)生物柴油有较好的低温发动机启动性能和较好的润滑性能以及较好的安全性能。闪点高,运输、储存、使用方便安全。

(3)生物柴油有良好的燃料性能。燃烧性能好于柴油,生物柴油还有可再生性。

(4)生物柴油无须改动柴油机,可直接添加使用。生物柴油以一定比例与石化柴油调和使用,可以降低油耗、提高动力性,并降低尾气污染。

生物柴油是含氧量极高的复杂有机成分的混合物,这些混合物主要是一些相对分子质量大的有机物,包括很多种类的含氧有机物。

从生物柴油发展形式上分析,全球生物柴油经济增长很快,生物柴油产量也很高。就全球性比较而言,发达国家在生物柴油生产能力上将处于世界领先地位。

在保证发展的同时,质量要求也是相对较高的,通过生物质能转换技术可以高效地利用生物质能源,生产各种清洁能源和化工产品,从而减少人类对于化石能源的依赖,减轻化石能源消费给环境造成的污染。

第一节　生物柴油的生产标准

一、生物柴油的皂化

生物柴油的皂化,酸、碱两步法目前依然是一些企业和入门实验者的基本工艺，在生产和实验过程中经常会出现悬浮物、结晶物、不溶物等不明物质，有些溶于水，有些不溶于水，很多研究者不得要领。

其中有些是真皂化，有些是假皂化，这里可能需要明确一些基本的概念而后再来分析不同的现象。

对于精制油脂原料来说，就是碱与油脂形成了脂肪酸盐，不溶于油，悬浮或沉降在容器内。但我们的原料油脂一般是废弃油脂或毛油，这里的皂化就复杂了。

由于催化剂配制，原料中水、金属离子、磷脂、胶质等因素影响，酯交换反应可能根本没有进行或进行得很不彻底。所以要注意，皂化概念在废弃油脂原料上有了适当的外延。

(1)悬浮物较重且大部分溶于水，这一般是真皂化，但其原因很可能是原料中不小心混入了水，使得酯交换没有进行，成皂后与水融合在一起形成的。

(2)悬浮物重且部分不溶于水，这可能是假皂化，或者说不仅仅是皂的原因，很可能是原料中的金属离子的影响，与碱形成金属氢氧化物使酯交换无法进行，剩余的催化剂也成为皂，并与金属氢氧化物融合在一起形成较重的物质沉降在反应器底部。

(3)悬浮物重且有结晶出现，这种现象多产生在酸化油尤其是蓖麻油酸化油中，由于酸化油是脂肪酸钠经过硫酸酸化得到的，如果酸化不彻底，残留皂，在进行酸催化时就容易形成硫酸盐结晶，而蓖麻油酸化油由于是热溶碱裂解副产品酸化产物，残留皂的可能性就更大。

(4)悬浮物较轻且大部分溶于水，这也是真皂化，是由于催化剂配制和加入方式出了问题，也可能是反应进程中局部过热或系统密封不好，甲醇泄漏造成的，回顾实验过程，检查系统密闭性，重新实验。

二、生物柴油的原料检验

生物柴油的优点在于它的密度比水大，润滑性能好。它含水率较高，水分有利于降低油的黏度，提高稳定性，但降低了油的热值。由于生物柴油酸碱值低，所以储存装置最好是抗酸腐蚀的材料。它具有老化倾向，加热不宜过高，适宜于避光且避免与空气接触保存。

许多人在进行生物柴油实验和生产过程中遇到了一些问题，概括起来，一般集中在原料检验、皂化、馏程、凝固、成品检测等方面。

一是原料检验，由于油脂价格上涨，原料掺假现象频繁出现，缺乏统一标准和管理，企业最头痛的是原料有效含量的确定。

原料有效含量的确定直接关系到最终产品的成本。由于没有统一的行业管理标准，所以最直接有效的办法就是有套完整的合成实验，所得到的数据与其他检测结果应该进行对比。

此外还需要注意以下事项：

(1)溶解乳化水的检测，这是造假的常见手段之一。在确定了游离水的数量之后，用手摇泵分成两份，然后准确称量，增加的重量就是溶解乳化水的含量。另外，也可以不加酸溶液，直接入烘箱保温一段时间后，观察并称量下层水的重量。

(2)磷脂的检测，磷脂的有效脂肪酸含量低，影响生物柴油收率，这部分磷脂在加酸水溶液检测溶解乳化水时可以得出初步结论，如需进一步确认，可以按照分离磷脂的方法进行。

(3)要有足够的耐心，由于在交易前供应商送来的样品与实际货物可能有区别，所以在实际大货到厂时为避免企业受损失，一定要有足够的耐心进行检测，因为如果交易当时不进行完整的检测，将取得数据告知对方，后续工作将难以进行。

(4)游离水的检测，水是原料中含量最大的杂质，一般绝大部分水是沉在包装桶的底部，这很简单，用手摇泵插入桶底，泵出桶底物料，游离水多少就一目了然。

(5)酸价的检测，在进行溶解乳化水检测的同时取样测量酸价，一般的酸化油酸价偏高，这是正常的，但如果检测结果酸价过高，因为普通的酸化工艺得不到那么高酸价的成品，除非是水解产品，这时候经过重复检测确认酸价后，就要去注意溶解乳化水的结果了，注意用 PH 试纸检测一下单纯保温而沉降出来的下层水的酸碱值，很可能是强酸性。

三、生物柴油的沸点

许多人有这样一种误解，蒸馏是一种可以万事大吉的方法，反应进行得不好，蒸馏就可以解决，要注意，蒸馏本身对物料是有一定要求的、是有条件的，蒸馏并不是万应良方。

(1)温度适中，这种情况有两种可能。其一是原料中可能混入了低级脂肪酸，这部分物质形成了低级甲酯而使体系的沸点降低。低级甲酯可以分离出来作为溶剂实用，而残余甲醇就是需要尽量避免的了，因为真空状态下甲醇基本上会进入真空泵并随尾气排出，造成浪费和污染并有较大的危险性。其二是残余甲醇过多，结果造成低沸物在正常出馏之前就大量出现，给人一种假象，实际上却是甲醇。

温度很高一般是反应不彻底造成的，由于体系内含有未反应的甘油酯，造成沸点偏高。

(2)馏程范围，由于产品是混合脂肪酸甲酯，所以一般情况下产品的沸点不是一定的或像纯有机物那样有很小的馏程，而是一个很宽的范围，过高和过低都需要认真分析。

四、生物柴油的凝点

实际上，生物柴油很难达到无添加剂而冷滤点适中，但也有的企业得到的产品的凝固点很高，其中的原因也是多方面的。

(1)反应不彻底。一般甘油酯的凝固点高于甲酯，所以一旦反应不彻底。体系残留一定量的甘油酯，产品的凝固点也会偏高，只不过与残余皂相比，其影响力小一些。

(2)残余皂。对于酸、碱两步法或其他以碱催化为主的合成方法，如果产品精制时残余皂没有除净，就可能使产品的凝固点很高。

(3)成品检测。需要强调的是，国内目前能进行权威生物柴油检测的机构很少，所以得到的结果只是作为一般轻柴油标准的参考。

五、生物柴油的分层反应

酯交换反应后就是分层问题。反应后分层与否是初步判断反应是否正常的第一现象，不分层意味着甘油无法或不易分离，产品不合格或精制难于进行。产生这种现象的原因是多方面的。

(1)不分层的原因可能是乳化，反应基本正常进行了，但体系是基本均匀透明的。其原因可能是一部分碱催化剂形成了皂，在一定条件下将甲醇、甲酯、甘油酯混合乳化而无法分层。这种现象多出现在一些中等酸价原料上，甘油数量少，所以造成乳化。

(2)就不分层的另一个原因可能是反应没有进行或不彻底。由于反应不彻底。甘油数量少，甘油混有比重小的甲醇，造成无法沉降分层，这种情况下体系的上层往往有很薄的一层甲醇，要注意观察。

(3)还有一种现象需要注意,由于碱催化不可避免有一定数量的皂生成,尤其是对于废弃油脂,所以可能分层比较慢,进入分液漏斗后没有观察到分层现象或者有可能颜色相近,这时候要耐心等待。

虽然与正常反应相比有不足,但也基本是正常,体系沉淀一段时间应该分层比较明显,再静置一段时间后分离。

第二节　生物柴油的国内外发展概况

生物柴油的环保性和可再生性,引起了很多国家尤其是资源贫乏国家的高度重视。随着生物柴油的初步指标的建立,生物柴油的产品质量参数都予以了明确的规定,生物柴油已经得到国际社会的正式承认。

一、国外发展生物柴油的概况

欧洲是世界上生物柴油发展最快的地区之一。欧洲剩余农业的共同政策改革提出了预留地政策,这些预留地种植生物柴油原料,可以得到最高的预留地补贴。随着生产生物柴油的工业油子需求的增长,增加了种植油菜子的预留地。

另外,由于柴油的高额燃油税主要影响到柴油燃料零售价格,欧洲议会决定减免生物柴油的税收。目前,生物柴油的生产在法国、德国、意大利等国家实行免税。

用植物油如菜子油生产生物柴油的工艺和设备，目前也正在研发。同时，制定了生物柴油标准。

事实上，生物柴油已成为一些国家以散装货物的形式覆盖全国销售的替代燃料。欧洲将实行汽车尾气强制排放标准。

发动机内部的调节措施对于优化生物柴油、柴油燃料混合物的燃烧过程是非常必要的。为了使生物柴油能够得到充分的利用，一些国家联合研制出了一种燃料传感器，它可以从常规的柴油机油箱中分离出生物柴油，并根据不同的燃料组分确定发动机的调时。应用此种燃料传感器可保证生物柴油的使用按照排放减少和燃料燃烧效率的要求实现最佳化。这是生物柴油未来在燃料市场上的一个突破。

在国际市场上，生物柴油使用最多的是欧洲，目前在欧洲用于生产生物柴油的原料主要为菜子油，因此生物柴油标准也主要是参照菜子油的生物柴油标准品质制定的。

美国很早就开始将生物柴油投入商业应用，但是最近两年才真正形成规模。美国能源部称，生物柴油是美国成长较快的替代燃料。

生物柴油在美国有较快发展的原因在于能源部已经承认生物柴油可以作为车辆的替代燃料，这也同车辆使用生物柴油的优势有密切关系。生物柴油业已经通过美国严格的健康影响测试。

在美国，生物柴油的市场化主要集中在环保的敏感部门，比如生物柴油被用于大城市地区，纯生物柴油应用于航运等。目前，美国正式使用生物柴油的车辆逐渐增多，分布也很广泛。

在美国，生物柴油主要用于具有集中加油站的大巴和卡车运输公司。法令规定，在能源税收综合决策案议定增加各种能源税收之际，美国参议院财政委员会通过了一项给予生物柴油的税收激励政策。这项法案规定，对于生物柴油与石油柴油混合使用的柴油，实施免税或者减税制度。

这项绿色能源法案包括了美国盛产大豆作物资源的各州新获得的所得税抵税，以及含有生物柴油的混合燃料所获得的营业税税率优惠等多方面的益处。

这一税收激励措施将促进美国农业经济的多样化，同时可以加快对于推动绿色能源的生产而言所必不可少的研究、开发与投资。

有关生物柴油的税收条款不仅没有减少美国国家公路信托基金的收入，相反，它还通过生物柴油的生产刺激了美国经济的发展。

美国国家生物柴油相关部门认为，这项法案是帮助美国提高对国产燃料依赖性的一个关键措施，与此同时，还可以获得生物柴油为公众健康带来的多种重大益处。

生物柴油目前已经成为美国发展最快的替代能源之一，但它依然要比石油柴油昂贵。这项税收激励政策无疑是使生物柴油更具价格竞争力的一种平衡措施。

巴西一些大学经过很多年的研究，生产出一种以蓖麻油为原料的污染程度低、可再生的生物柴油。研究人员以氢氧化钠为催化剂，对蓖麻油进行酯基转换，研制出生物柴油。

巴西汽车制造厂的实验证明，在这种化学反应中产生的甘油也可为工业所用。这种柴油可用于各种发动机，也可用于发电机。而且无须对发动机进行改装。但由于蓖麻油的黏度比较大，在使用过程中还需要混入大部分的柴油。

研究还发现，除蓖麻油外，任何植物油如豆油、葵花油、玉米油以及动物油，如鱼油等，都可制成生物柴油。研究人员目前正在大力推广生物柴油的生产，以便减少石油进口。

利用炸食品残油的试验工厂可以每周从市内的饭店回收炸完各种食品后需要倒掉的残油，其中的大部分可转换成代替柴油的燃料，另外的极少部分还可以提炼用于生产化妆品的甘油。

这种生物柴油燃烧后产生的二氧化碳气体比普通柴油少，基本不产生二氧化硫。其价格比普通柴油价格低。

国外的一些大学已与很多连锁店签署了利用回收残油进行生产汽车燃料试验的协议。根据协议，那些连锁店应每月向该大学无偿提供一些炸食品的残油，这些大学则将提炼出的燃料提供给当地政府的汽车进行试验。

经开发利用炸食品残油生产汽车燃料的新技术，不仅解决了乱倒残油污染环境的问题，而且还能产生很好的经济效益。

二、我国生物柴油利用情况

我国能源研究科研机构正在进行以植物油为动力实现农业机械化和农村电气化的项目，利用意大利和德国提供的设备，对光皮树油进行酯化处理，得到的酯燃料用于柴油轿车等设备上燃用，证实了光皮树油化燃料的适用性。

光皮树生长在我国中南地区，是一种野生油料树种，属山茱萸科多年生落叶乔木，生长力极强，适于在石灰岩山地生长。

其子实含油量很高，但食用效果不佳。据各地区不完全统计，开发光皮树油为液体燃料，已引起国内外有关研究人员的关注。

系列高效改良剂助燃生物柴油，使普通生物柴油增值，由很多研究院以油料作物研究开发出的系列多功能生物柴油品质改良剂。

在国内外成功地将抗氧化剂、低温流动改良剂技术同时应用于生物柴油产品，突破了当前生物柴油生产的两大技术瓶颈。目前，油料所研发的生物柴油品质改良技术与多功能高效改良剂通过了国家有关部门鉴定。

目前，我国主要用废弃油脂为原料生产生物柴油，由于原料成分复杂，成品油普遍存在两大品质问题。

(1)遇低温会出现结晶和凝胶化现象，影响发动机燃料供给系统供油，同时也影响生物柴油的运输、储存等。

(2)含有大量易氧化的不饱和双键,既降低燃烧热值,又产生酸性物质腐蚀发动机金属部件,同时产生的氧化物不能充分燃烧,产生黑烟,污染环境。

由于这两大问题的存在,使当前我国生物柴油的使用,只停留在诸如作锅炉燃料等一般燃料上,而不能作为车用燃料稳定使用。

据研发专家介绍,添加多功能高效改良剂后,能使生物柴油氧化诱导期延长,达到我国生物柴油产品质量标准。同时显著增强了生物柴油产品的氧化安定性和低温流动性,从而使普通生物柴油能够作为车用燃料稳定使用,并拓展了使用的季节和地域范围。

对不同原料的生物柴油具有广泛的适应性,添加简便,生产成本低,具有很强的推广价值和产业带动作用。按目前市场普通生物柴油售价计算,添加应用该产品后,按目前柴油的批发价销售,普通生物柴油增值。

第三节　生物质燃气的利用及热解

目前,世界各国尤其是发达国家,都在致力于开发高效、无污染的生物质能利用技术,以保护本国的矿物能源资源,为实现国家经济的可持续发展提供根本保障。

一、生物质燃气的生产和利用

生物质燃气的作用很多，例如可以供民用炊事和取暖、烘干果品、木材、谷物、炒茶等，也可供给区域供热与发电和工业企业用蒸汽等。将生物质气化产出的可燃性气体用于供燃或发电，是农村用能与供能的重大变革。

生物质燃气的生产受两大条件的制约，一是要有充足的气化原料，二是要建一座规模合适的气化站。在气化站的生产过程中，也存在一些问题，只有将问题解决好才能加速这一技术的推广应用。

气化站产出的燃气如果只供当地居民炊事用燃料，需用的生物质原料并不多，若用燃气作为发电燃料或北方冬季用它作取暖燃料，则耗用的生物质气化原料就比较多。同时，如果要建气化站，投资也是比较大的。

从气化炉产出的燃气中含有焦油、灰分和水分，有待去除，否则会影响燃气的使用，尤其是对焦油的去除。

基于以上原因，在确定建站地点时，最好选在经济条件比较充裕、气化所用原料产量比较丰富的村屯。

在我国北方地区，冬季寒冷而漫长，这就涉及输气、储存系统的防冻问题。送气管道要埋在冻土层以下。湿式储气罐难以正常越冬运行，这就需要选用合适的干式储气设施。但目前国内的气化站绝大多数使用的是湿式储气罐。

二、生物质能的热解技术

生物质热解是指生物质在没有氧化剂、氧气、水蒸气等存在或只提供有限氧的条件下加热，通过热化学反应将生物质大分子物质木质素、纤维素和半纤维素，分解成较小分子的燃料物质固态炭、可燃气、生物油的热化学转化技术。

生物质热解的燃料能源转化率很高，最大限度地将生物质能量转化为能源产品，物尽其用，而热解也是燃烧和气化必不可少的初始阶段。

生物质在热解过程中发生了复杂的热化学反应，包括分子键断裂、异构化和小分子聚合等反应。木材、林业废弃物和农作物废弃物等的主要成分是纤维素、半纤维素和木质素。

纤维素开始热解，随着温度的升高，热解反应速度加快，到达很高温度时分解为低分子产物。半纤维素结构上带有支链，是木材中最不稳定的组分，比纤维素更易热分解，其热解机理与纤维素相似。

生物质热解的过程是由外至内逐层进行的，生物质颗粒被加热的成分迅速裂解成木炭和挥发分。其中，挥发分由可冷凝气体和不可冷凝气体组成，可冷凝气体经过快速冷凝可以得到生物油。一次裂解反应生成生物质炭、一次生物油和不可冷凝气体。在多孔隙生物质颗粒内部的挥发分将进一步裂解，形成不可冷凝气体和热稳定的二次生物油。

同时，当挥发分气体离开生物质颗粒时，还将穿越周围的气相组分，在这里进一步裂化分解，称为二次裂解反应。生物质热解过程最终形成生物油、不可冷凝气体和生物质。

根据热解过程的温度变化和生成产物的情况等因素，可以分为干燥阶段、预热解阶段、固体分解阶段和煅烧阶段。

(1)干燥阶段，生物质中的水分进行蒸发，物料的化学组成几乎不变。

(2)预热解阶段，物料的热反应比较明显，化学组成开始变化，生物质中的不稳定成分如半纤维素分解成二氧化碳、一氧化碳和少量醋酸等物质。上述两个阶段均为吸热反应阶段。

(3)固体分解阶段是热解的主要阶段，物料发生了各种复杂的物理、化学反应，产生大量的分解产物。其生成的液体产物中含有醋酸、木焦油和甲醇等，气体产物中有二氧化碳、一氧化碳、氢气等，使可燃成分含量增加。同时，这个阶段要放出大量的热。

(4)煅烧阶段，生物质依靠外部供给的热量进行木炭的燃烧，使木炭中的挥发物质减少，固定碳含量增加，此为放热阶段。实际上，上述四个阶段的界限难以明确划分，各阶段的反应过程会相互交叉进行。

从对生物质的加热速率和完成反应所用时间的角度来

看，生物质热解工艺基本上可以分为两种类型，一种是快速热解；一种是慢速热解。在快速热解中，当完成反应时间极短时，又称为闪速热解。

快速热解是将磨细的生物质原料放在快速热解装置中，严格控制加热速率和反应温度。

慢速热解工艺具有很长的历史，是一种以生成木炭为目的的炭化过程。将木材放在窑内，在隔绝空气的情况下加热，可以得到一些原料质量的木炭。在慢速热解工艺中又可以分为炭化和常规热解。

生物质原料在缺氧的情况下，被快速加热到较高温度，从而引发大分子的分解，产生了小分子气体和可凝性挥发分以及少量焦炭产物。可凝性挥发分被快速冷却成可流动的液体，成为生物油或焦油。

与慢速热解相比，快速热解的传热反应过程发生在极短的时间内，强烈的热效应直接产生热解产物，再迅速淬冷，最大限度地增加了液态产物。

常规热解是将生物质原料放在常规的热解装置中，中等温度及中等反应速率条件下，经过几个小时的热解，得到生物质炭及生物油。

总的来讲，影响热解的主要因素包括化学和物理两大方面。化学因素包括一系列复杂的一次反应和二次反应。

物理因素主要是反应过程中的传热、传质以及原料的物理特性等。具体的操作条件表现为温度、催化剂、物料特性、压力、滞留时间和升温速率等。

在生物质热解过程中，温度是一个很重要的影响因素，它对热解产物分布、产率、组分和热解气热值都有很大的影响。

生物质热解最终产物中气、油、炭各占比例的多少，是随加热速度的快慢和反应温度的高低不同而有很大差异的。

在常规热解时，采用中等反应速率，生物油、不可凝气体和炭的产率基本相等。闪速热解温度，主要用来增加生物油的产量。同样的闪速热解，若温度很高，在非常高的反应速率和极短的气相滞留期下，主要用于生产气体产物。当升温速率极快时，半纤维素和纤维素几乎不生成炭。

有关研究人员用不同的催化剂掺入生物质热解试验中，不同的催化剂起到不同的效果。如加氢裂化能增加生物油的产量，并使油的相对分子质量变小。

另外，原料反应得到的产物在反应器内停留时间、反应产出气体的冷却速度、原料颗粒尺寸等，对产出的炭、可燃性气体、生物油的产量比例也有一定影响。

生物质种类、分子结构及形状等特性对生物质热解行为和产物组成等也有着重要的影响。这种影响相当复杂，与热解温度、压力、升温速率等外部特性共同作用，在不同水平和程度上影响着热解过程。由于木质素较纤维素和半纤维素难分解，因而通常含木质素多者焦炭产量较大。

半纤维素多者，焦炭产量较小。在生物质构成中，以木质素热解所得到的液态产物热值为最大。气体产物中以木聚糖热解所得到的气体热值最大。

生物质粒径的大小是影响热解速率的决定性因素。当粒径很小时，热解过程受反应动力学速率控制，而当粒径大时，热解过程中还同时受到传热和传质现象的控制。

大颗粒物料比小颗粒传热能力差，颗粒内部升温要迟缓，即大颗粒物料在低温区的停留时间要长，从而对热解产物的分布造成了影响。

随着颗粒粒径的增大，热解产物中固相炭的产量增大。从获得更多生物油角度看，生物质颗粒的尺寸以小为宜，但这无疑会增加破碎与筛选的难度。

压力的大小将影响气相滞留期，从而影响二次裂解，最终影响热解产物产量的分布。随着压力的提高，生物质的活化能减小，且减小的趋势渐缓。

在较高的压力下，生物质的热解速率有明显的提高，反应也更激烈，而且挥发产物的滞留期增加，二次裂解较大。而在低的压力下，挥发物可以迅速从颗粒表面离开，从而限制了二次裂解的发生，增加了生物油产量。

滞留时间在生物质热解反应中有固相滞留时间和气相滞留时间之分。固相滞留时间越短，热解的固态产物所占的比例就越小，总的产物量越大，热解越完全。

在给定的温度和升温速率的条件下，固相滞留时间越短，反应的转化产物中的固相产物就越少，气相产物的量就越大。

气相滞留期时间一般并不影响生物质的一次裂解反应过程,而只影响液态产物中的生物油发生的二次裂解反应的进程。

当生物质热解产物中的一次产物进入围绕生物质颗粒的气相中,生物油就会发生进一步的裂化反应。

在炽热的反应器中,气相滞留时间越长,生物油的二次裂解发生的就越严重,二次裂解反应增多,导致液态产物迅速减少,气体产物增加。

所以,为获得最大生物油产量,应缩短气相滞留期,使挥发产物迅速离开反应器,减少焦油二次裂解的时间。升温速率对热解的影响也很大。一般对热解有正反两方面的影响。升温速率增加,物料颗粒达到热解所需温度的相应时间变短,有利于热解。但同时颗粒内外的温差变大,由于传热滞后效应会影响内部热解的进行。

随着升温速率的增大,温度滞后就越严重,热重曲线和差热曲线的分辨力就会越低,物料失重和失重速率曲线均向高温区移动。热解速率和热解特征温度均随升温速率的提高呈线性增长。

在一定热解时间内,慢加热速率会延长热解物料在低温区的停留时间,促进纤维素和木质素的脱水和炭化反应,导致炭产率增加。

气体和生物油的产率在很大程度上取决于挥发物生

成的一次反应和生物油的二次裂解反应的竞争结果，较快的加热方式使得挥发分在高温环境下的滞留时间增加，促进了二次裂解的进行，使得生物油产率下降、燃气产率提高。

与欧美一些国家相比，我国对生物质热解的研究起步较晚。近十几年来，能源研究所生物质能研究中心，及很多重点大学等单位做了一些这方面的工作。

能源研究所生物质能研究中心，目前研究方向重点为生物质热化学转化过程的机理及热化学利用技术。其研究主要内容为：

(1)气化新工艺研究，高温气化、富氧气化、水蒸气气化等。

(2)生物质气化燃烧与直接燃烧，气化燃烧技术、热解燃烧技术、直接燃烧等。

(3)气化技术系统集成及应用，新型气化装置、气化发电系统等。

(4)高能环境下的热解机理研究，等离子体热解气化、超临界热解等。

一些单位着眼于流化床技术在生物质清洁能源规模化利用上显示出的巨大潜在优势，也成功开发了以流化床技术为基础的生物质热裂解液化反应器。并在先期成功试验的基础上，针对已有的生物质热裂解液化工艺中，能源利用率不高以及液体产物不分级等缺点做了进一步改进。

一些生物质能研究中心研究方向是转锥式生物质闪速热解液化装置。经过一系列的调试、试验和改进后，现已经探索出了一些基本的设计规则和经验。为今后设备改进及技术推广打好坚实的基础。

一些大学及单位也开展了相关研究，在现在技术的支持下，用于商业运行的也仅仅是输运床和循环流化床系统。采用独特的设计方案研发了生物质整合式热裂解分级制取液体燃料装置，得出了各运行参数对生物质热解产物组成的影响因素及程度，适合规模化制取代用液体燃料。目前正在开展深层技术和扩展应用的研究。

农业部可再生能源重点开放实验将长期进行生物质热解方面的研究。生物质燃气脱焦机的诞生解决了现有生物质热解气化机组净化装置复杂、脱焦效率低且焦油难收集等问题。

生物质燃气脱焦机结构简单，操作方便，系统运行可靠，维护费用低，经济效益显著，避免了二次污染。它适用于各类生物质热解气化机组的配套及商业化应用，已经通过了科技厅技术鉴定，并已在机电厂投入批量生产。

同时，该实验又对生物质热解产物进行了综合利用的研究，并形成了配套设备。根据农作物秸秆资源存在着季节性、分散性的特点和运输、储存难的矛盾，采取了分散和集中的模式，即在农作物秸秆易收集的范围内建造小型生物质热解装置，就地使用生物质燃气。然后将便于运输的生物质炭、焦油、木醋液收集，建设若干集中加工厂，生产多种产品以供各种用途，较适合我国的国情。

生物质热解技术最初的研究主要集中在欧洲和北美。随着试验规模大小的反应装置逐步完善，示范性和商业化运行的热解装置也被不断地开发和建造。

欧洲一些地方开发出了许多重要的热解技术，生物质生产能源项目内很多课题的启动，显示了欧盟对于生物质热解技术的重视程度。但较有影响力的成果多在北美涌现，如加拿大的固体废物热烧蚀裂解反应器，美国、英国大学的可再生能源实验室、法国的大学及荷兰的大学也相继开发了这种装置。

荷兰大学反应器工程组及生物质技术集团研制开发了旋转锥热裂解反应器，由于工艺先进、结构紧凑、设备体积小，得到了广泛的研究和应用。

木材化学研究对混合式反应器鼓泡床技术进行了改进和发展，非常有效地分离了气体中的可凝性烟雾。

基于循环流化床的原理，国外利用开发和建造了闪速热解装置，还有一些小型的实验装置也相继在各研究所安装调试。

传统的热解技术不适合湿生物质的热转化。针对这个问题，欧洲很多国家已开始研究新的热解技术，这就是将湿木片或生物质溶于水中，在一个高压容器中，经过软化，成为糊状，然后进入另一反应器液化一段时间。经脱羧作用，产生二氧化碳、生物油，剩余少量的氧。

经实验证明，通过催化，可获得高质量的汽油和粗汽油。这项技术可产生优质油，氧含量比裂解油低，且生物质不需干燥，可直接使用。

面对化石能源的枯竭和环境污染的加剧，寻找一种洁净的新能源成了迫在眉睫的问题。现在全世界都把目光凝聚在生物质能的开发和利用上。

生物质能利用前景十分广阔，但真正实际应用还取决于生物质的各种转化利用技术能否有所突破。

随着技术的不断完善，研究的方向和重点也在拓宽，以前侧重热解反应器类型及反应参数，以寻求产物最大程度上的利用，而现在整体利用生物质资源的联合工艺以及优化系统整体效率被认为是最大化热解经济效益，具有相当大的潜力。

除此之外，提高产物品质，开发新的应用领域，也是当前研究的迫切要求。我国生物质热解技术方面的研究进展缓慢，主要是因为研究以单项技术为主，缺乏系统性。

我国生物质热解技术发展缓慢的原因以及在液化产物精制、高效反应器研发、工艺参数优化以及生物燃油对发动机性能的影响等方面与发展较快的国家存在明显差异。同时，热解技术还存在如下一些问题，生物油成本通常比矿物油高，生物油同传统液体燃料不相容，需要专用的燃料处理设备。

生物油是高含氧量碳氢化合物，在物理、化学性质上存在不稳定因素，长时间储存会发生相分离、沉淀等现象，并具有腐蚀性。

由于物理、化学性质的不稳定，生物油不能直接用于现有的动力设备，必须经过改性和精制后才可使用。

不同生物油品质相差很大，生物油的使用和销售缺少统一标准，影响其广泛应用。以上问题也是阻碍生物质高效、规模化利用的瓶颈所在。

针对以上存在的差距和问题，今后的研究应主要集中在如何提高液化产物收率、寻求高效精制技术、提高生物油品质、降低运行成本、实现产物的综合利用和工业化生产等方面。同时，加强生物质液化反应机理的研究，特别是原料种类及原料中各种成分对热化学反应过程及产物的影响。

在理论研究的基础上，将现有设备扩大，逐渐向大规模生产过渡，降低生物油生产成本，完善生物油成分和物理特性的测定方法。

制定统一的规范和标准，开发生物油精制与品位提升新工艺，开发出用于热化学催化反应过程中的低污染高效催化剂，使其能够参与化石燃料市场的竞争。

第六章　沼气如何向清洁能源转化

沼气是由农作物秸秆、树木落叶、人畜粪便、工业有机废物和废水等有机物质在厌氧环境中，经微生物发酵作用生成的一种可燃气体。每立方米沼气完全燃烧后的发热量约相当于 3.3 千克原煤产生的热量，是一种清洁、高效的可再生能源。

开发利用生物能源，对化石能源消耗可以起到显著的缓解作用。特别是在农村年产大量稻壳、玉米芯、甘蔗渣、棉子壳、糠醛渣、人畜粪便的条件下，可用微生物作用生产一定数量的沼气，这些沼气的产量相当于标准煤的产量。沼气有着循环再利用的模式，即用粮食作物秸秆配合饲料喂猪，猪粪下池产沼气，利用沼气煮饭和点灯，沼肥用于农田施肥，沼液喂猪。

沼气这种生物能源十分环保，不污染环境，而且能够广泛地应用于农民日常生活中。中国是农业大国，农村人口占很大一部分，充分研究和使用沼气，将其应用到农民日常生活中，既给农民带来极大方便，也起到了变废为宝的作用，减少废物的排放，改善人民的生活质量。我国沼气生产技术已经使用多年，正在不断改进。

沼气是有机物质在厌氧条件下，经过微生物发酵作用而生成的以甲烷为主的可燃气体。它的主要成分是甲烷，其次是二氧化碳。其余还有硫化氢、氮、氢和一氧化碳等。

猪圈上建鸡舍养鸡，鸡粪落下来喂猪，猪圈下建沼气池，沼气燃烧煮饭，沼肥返地种菜。此模式适合城乡的农户，可以向城镇提供商品肉食，蛋品和蔬菜等。

利用以上一些模式，可以把沼渣经过处理，实现了循环利用体系，完善了循环经济，用沼渣作培养料，杂菌污染的可能性小。其最大的特点是能够充分利用时间、空间和劳力，实现以沼促菜，以沼养猪，以沼培树等良性循环。

第一节 沼气的发展现状及方向

我国沼气事业开始很早，水压式沼气池技术已经相当成熟，目前很多农村地区推广较多的就是这种池型，并且受到国际上的重视。有的国家用以烧饭、点灯，也有不少省市曾推广过沼气，但因技术不成熟和缺乏经验而没能巩固下来。

由于农村燃料严重缺乏，我国再一次重视并大力推进沼气建设。农村使用沼气的用户很多，但由于技术不成熟，没有专业施工队，多数沼气池质量问题突出，使用时间较短，出现了边建设边报废的情况。

随着社会的进步，开展了大量有关沼气发酵的理论和应用技术的研究，并取得了可喜的研究成果，我国的沼气建设开始稳步发展。

经过多年的研究、开发、试点示范，各地认真汲取沼气建设的教训，加强科研攻关，沼气建设技术获得重大突破。

沼气建设从池型设计、建设施工到使用管理逐步成熟，综合利用技术和发酵工艺都有了空前的发展。在我国，沼气的研究是与沼气发酵产物综合利用、废弃物资源化处理和生态环境保护等农业生产活动密切相关的。

随着全国使用沼气的用户逐渐增多，沼气池得以综合利用。同时，畜禽养殖场大中型沼气工程建设开始起步，先后建设了一批示范工程。

我国大中型畜禽场沼气工程的发展也相对比较早，整个发展过程与我国集约化程度和养殖业的发展规模联系密切，也与整个社会对环境保护的关注程度有关。

发展的畜禽场沼气工程主要是为了得到沼气能源，以缓解当时农村地区能源供应的严重不足。由于当时的大中型养殖场还不普遍，早期的工程所用发酵原料除了粪便外，一部分工程还用秸秆作原料，采用常温发酵，池容产气率小。发酵液不再进一步处理，直接作为肥料。

此后，针对大中型沼气工程存在的问题，开展了建池技术、配套设备、发酵工艺等多方面的研究，引进了一些国外的先进技术，加强了培训和管理，在沼气工程的技术水平领域中跨越了一大步。

大中型沼气工程的建设重视强调工程的环境效益，并通过开展综合利用来增加工程的经济效益，把沼气工程作为一个有多种作用的系统工程进行设计和管理，通过优质配套设备和高质量的设计、建造来实现沼气工程的综合效益。

我国研究并开发了多种新型高效发酵工艺，使厌氧消化器的处理能力成倍提高，产气率也随之增高，同时去除率也相对提高。这些装置的出现与成功应用，不仅标志着我国沼气工程技术水平的提高，同时也为畜禽场沼气工程商业化和进一步推广应用奠定了坚实的基础。

目前，沼气技术的目标已从能源回收向环境保护方面转变，沼气的利用从局限于点灯、做饭，已经发展到乡村集中沼气发电和供气，并且开展了沼液沼渣的综合利用，形成了以沼气为纽带的生态家园利民富民工程，引导农民逐渐改变传统的生产和生活方式，提高了农民的生活质量。

在国家各部委的领导和支持下，已经建立了省级和国家级的沼气专业化组织，形成了农村能源建设技术管理与服务体系，对沼气技术、管理和维护人员进行了培训，为沼气事业的发展提供了可靠保障。

农村沼气建设受到各地政府以及有关部门高度重视，社会各界人士、广大农民把农村沼气建设项目给予了很高的评价。沼气的推广使用在提高农民生活质量的同时也节约了资源，保护了环境。将其称为建立资源节约型社会的能源工程，实现农业可持续发展的生态工程，增加农民收入的富民工程，改善农村生产生活条件的清洁工程，为农民办实事办好事的民心工程。

用以处理秸秆、畜禽粪污和各种农业废弃物为主的沼气发酵农业模式，为我国农业生产中出现的种种问题找到了有力的切入点，得到了比较广泛的推广。今后，沼气的发展方向可以有效促进我国生态农业的发展。

我国生态农业的概念很早就被提出来了，所以，我国农业长期以来以高产为目标，其技术体系总体上以增收增产为主导，在相当程度上存在浪费资源的情况，以牺牲生态环境为代价，对生态环境治理、资源高效利用和培育技术的储备都没有足够重视。

在我国农业综合生产力高速增长的同时，人均有限的资源环境压力却越来越大。在农业生态经济学术讨论会上曾提出了中国的生态农业这一术语。我国生态农业的理论与技术研究均取得了长足的发展，引起了世界各国的广泛关注。

为增加优质能源供应、缓解国家能源压力，建设农村沼气具有重大的现实意义。农村沼气建设的直接产品是沼气。

沼气是可再生清洁能源，既可替代煤炭、天然气、液化石油气等化石能源，也可代替秸秆、薪柴等传统生物质能源，而且能源效益明显高于秸秆、薪柴、煤炭等。

沼气发酵残留物有沼渣和沼液，也称沼肥。沼肥的成分复杂，因原料种类、发酵和配比条件的不同而有所差异。

目前经专家研究，已经确认沼肥的营养物质含量较高，除了含有常规量元素外，还含有多种微量元素如水解酶、氨基酸、有机酸、生长素、细胞分裂素及某些抗生素等生物活性物质。

沼液的养分可利用率高，速效营养能力强，是一种速缓兼备的有机复合肥，主要用于果园滴灌、水培蔬菜、浸种等。

畜禽粪便等有机废弃物经沼气池厌氧发酵后，所产生的沼渣、沼气、沼液按食物链关系，作为下一级生产活动的原料、肥料、饲料、添加剂和能源等的系列化再生利用。

沼气综合利用是生态农业主要有效模式的具体应用，是生态农业建设的主要内容，特别是沼肥的科学施用已成为沼气利用的研究重点。

我国农业资源和环境的承载力十分有限，发展农业和农村经济，不能以消耗农业资源、牺牲农业环境为代价。

农村沼气将畜牧业发展与种植业发展链接起来，促进了能量高效循环和物质高效转化，推进了农业种养一体化，以农村沼气建设为纽带，形成了沼气池、种植业、养殖业等循环发展的农业循环经济基本模式。

第二节　沼气的启用与制取

沼气制取的准备工作需要以下步骤：

(1)准备发酵原料。人粪，猪、鸡、牛等家畜粪便都可以作为沼气发酵的原料，但新建沼气池发酵启动时原料最好用猪粪。

(2)收集接种物。阴沟污泥、湖泊与池塘沉积的污泥、正常发酵的沼气池底部污泥以及陈年老粪坑底部粪便等，均富含甲烷菌，都可采集为接种物。但最好的接种物还是要长久使用、正常产气的沼气池中的沼液和沼渣。加入足够的接种物是保证沼气很快产气的重要条件之一。新池加入接种物量应有适当比例，正常发酵料液作为启动接种物。

若接种需要量大，当地又很难获取，可进行扩大培养。其方法是将所获取的接种物，按适当比例加入发酵原料中，厌氧富集培养。需要每天搅动，直到所产气体的甲烷含量达到预期目标即可使用。如一次扩大培养仍不够用，可继续扩大培养，直到满足需要为止。

(3)堆沤。地面铺上塑料薄膜，将原料与接种物拌匀分层洒水，其加水量以淋湿畜粪，底部不流水为宜。如果没有拌料的地方，可以将池内分层加料，分层接种。每层原料不可超出一定的厚度。

将拌匀的发酵原料，从沼气池顶部活动盖口加入。除纯粪类原料外，无论拌料入池还是分层入池，都要层层踩紧压实。池内堆沤过程，切忌盖活动盖。如遇降雨或气温太低，在活动盖口可覆盖一层厚塑料膜，等晴天或气温回升后，及时敞开活动盖。

(4)加水封池。池内堆沤到发酵温度要适宜，分别从进、出料口加水，最好用粪水、污水或其他沼气池的沼液。加入沼气池的水最好是经阳光晒过的温水。按容积计算，沼气池的投料量不宜过大。同时，原料暂时不足的情况下，其最小投料量也必须超过进、出料管下口上沿的量度，作为封闭发酵间。加水完毕，即用 pH 试纸检查发酵料液酸碱度，即可封池。封池后，及时将输气管道、压力表、开关和灯、炉具安装好，并关闭输气管上的总开关。

(5)放气试火。封池后，当压力上升到一定程度时，开始放气。第一次排放的气体主要是二氧化碳和空气，甲烷含量很少，一般点不燃。然后再进行第二次放气，并开始试火。如果能点燃，说明沼气发酵已经正常启动，然后即可正常使用。

人类发现沼气并加以利用的时间相当久远。但纵观沼气利用和发展所涉及的工艺、技术及装备，沼气工程大致可以分为三个部分：一是沼气制取工程；二是沼气精制工程；三是沼气利用工程。

其中沼气制取工程中包括发酵原料、发酵工艺、制取装置设备及沼气检测等。实质上是一种仿生学工程，根据有关结果显示，沼气经济高效制取技术的产生和发展与微生物生命科学的进步息息相关。需要在充分了解微生物产甲烷机制的基础上，才能更有效的利用人工的各种发酵装置及优化工艺，进而使甲烷的有效产气量达到最大值。

沼气实质上又称为甲烷，它的自然来源是在自然条件下。虽然自然产生的沼气将一些废弃物分解，有利于物质的循环利用，但甲烷和二氧化碳都是温室气体源，尤其是甲烷不再进入自然界的生物碳循环，自由释放造成了环境污染。甲烷的利用与发展已经备受关注，其对全球变暖的影响仅次于二氧化碳。

由于沼气的发酵主要是微生物厌氧发酵，所以厌氧微生物资源的收集、整理、保藏和规范的建立等，是沼气人工制取工程的首要环节。所以，由细菌、真菌等组成的纤维素分解菌和木质素分解高产菌株的筛选，一直是人们研究的热点。

沼气自然产生的机理：由于沼气的发酵是多种微生物联合作用的结果，所以在厌氧的条件下使各种有机质最终转化成沼气。

木质纤维素类生物质作为发酵物质时，植物秸秆表面的物质，使纤维素降解率降低。它是一类将纤维素降解成葡萄糖的多组分酶系的总称，虽然有关纤维素酶降解纤维素的机理仍有待于研究，但纤维素酶在发酵底物液化阶段起着举足轻重的作用。

现代大中型沼气工程中的大型消化器的设计，对自动化程度要求越来越高，随时监测发酵过程中的各气体含量和发酵液中的酸碱度等，都是为了给微生物提供最好的生存条件，同时也提供了最大的产气量为人类所利用。

沼气制取工程中，为了能更好地控制发酵过程以达到最佳效果，根据微生物的生长生活特性，对沼气进行监督与测试也是在沼气制取工程中必不可少的环节。现代细菌的高效分离培养技术，为沼气分段高效发酵提供了可能。

纯产氢和产酸细菌的分离培养,使沼气先进行产酸发酵过程,产生的气体再进入下一级甲烷发酵装置。纯甲烷细菌的分离培养是甲烷生物合成过程的不同途径。有以乙酸为原料的甲烷生物合成途径,还有以氢、二氧化碳为原料的甲烷生物合成途径及以甲基化合物为原料的甲烷生物合成途径。我们可以根据该甲烷菌的代谢特点,选择更适宜的发酵原料作甲烷菌底物。

发酵装置的菌性化设计是指设计时要充分考虑到微生物的生理生命活动特征,因为沼气的制取就是仿生学,反应器实质上是为沼气制取工程中微生物生存提供适宜的生活环境。

影响厌氧发酵效率的一个重要因素是由于各种菌群横向运动空间大,产生的沼气易于脱离液相,间接起到液体搅拌作用,使产氢产酸菌所产生的底物可充分被产甲烷菌利用,使各菌群的活性达到更高的动态平衡。

沼气的自然发生和排放给人类的生存环境带来了不良影响,人工制取沼气可以在处理有机废物的同时使环境得到治理,又可以提供能源。

第三节 沼气发酵的技术及特点

沼气的发酵分为三个阶段:一是各种有机质液化;二是产氢产酸;三是产甲烷。沼气是一种混合气体,其中主要成分是甲烷,其次是二氧化碳。除此之外,还含有少量的氮、氢、氧、氨、一氧化碳和硫化氢等气体。

发酵装置设计已经联系到新型保温材料和太阳能联合增温系统。从中可以看出，现代生物工程技术是多学科全面发展的新型学科，此项科学的前沿也是现代从事生物工程技术的研究人员必不可少的科研素质。

全秸秆发酵的成功与复合菌剂的研发及应用有着密切关系。一般情况下，沼气发酵底物不能全部采用秸秆，但经过实验，复合菌剂不仅可提高秸秆降解率，而且还加快了产气速度，使产气量得到提高。

利用由有机废弃物发酵产生的沼气甲烷为原料，采用经过培养的甲烷单胞菌为细菌，在经过反应，甲烷单胞菌将甲烷经过新陈代谢，在其体内产生细微颗粒状的聚烃基丁酸，聚烃基丁酸是一种生物，可降解塑料，其中的废水和残留物可循环利用。

一、沼气发酵的原料

液化阶段就是发酵前期细菌菌群、沼气原料通过微生物酶解，分解成可溶于水的小分子化合物的过程。根据原料的化学性质和来源，一般分为富氮原料和富碳原料两大类。

富氮原料在农村主要指人、畜、禽粪便，这类原料含氮素量较高，并且原料颗粒较细，因此，不必进行预处理，分解和产气速度也会很快。

富碳原料主要是各种农作物秸秆，其碳素含量较高，农作物秸秆通常是由木质素、纤维素、半纤维素、果胶和蜡质等化合物组成，分解和产气速度较慢。因此，使用这种原料，在入沼气池前，要进行预处理，以提高产气速度。

沼气发酵原料除上述两类主要原料外，还包括农村的一些水生植物如水葫芦、水草等，由于其繁殖速度快，组织鲜嫩，产量高，能被沼气菌群分解利用。所以也成为沼气发酵的一种好原料。

乡镇工业有机废物废水，也含有机物，是沼气发酵的好原料，但由于其来源不同，化学成分、发酵产气潜力等差异较大，因而其发酵工艺不尽相同。

沼气发酵微生物主要从发酵原料中吸取碳和氮两大营养元素，以及氢、硫、磷等其他微量营养元素。按发酵原料的来源可分为农村沼气发酵原料、城镇沼气发酵原料和水生植物发酵原料三类。

农村沼气发酵原料包括人畜、家禽粪便和作物秸秆、青杂草、树叶、农副产品加工的废水剩渣及生活污水等。某些有毒植物发酵时对产甲烷细菌无影响，一般木质化程度高的材料产气量较低，不适宜作为沼气的发酵原料。

城镇沼气发酵原料大多来自豆制品，酒精厂、豆厂、面粉厂等各种有机废水，需采用大中型沼气消化装置来处理。

由于复合菌剂的出现，全秸秆作为发酵原料也成为可能。此外，垃圾填埋场也是沼气的主要来源之一，发酵的工艺条件是由微生物的生长特性和甲烷产生机制决定的，但工艺条件同时又影响着沼气发生装置和设备的设计与选用。

虽然甲烷菌的生长温度范围很广，温度越高，产气速率越大，但并不完全呈线性关系。这是因为由两个不同的微生物群参与作用的结果。所以，选择不同的微生物菌群对发酵的效率可以产生直接影响。

发酵料液中的碳、氮、磷元素含量的比例，对沼气生产有重要的影响。对于以生产农副产品的污水为原料的，一般氮、磷含量均能超过规定比例下限。但对一些工业污水，如果氮、磷含量不足，应补充到适宜值。这就要求在人工制取沼气时，根据不同的发酵原料，增添不同的养分物质。

二、沼气发酵的工艺分类

对沼气发酵的工艺分类，从不同角度，有不同的分类方法。单相式发酵和双相式发酵工艺，沼气发酵要求不同基质条件的各种菌群交替联合作用发酵产生甲烷。

单相式发酵工艺是采用一个罐体，产氢和产甲烷最好同时进行。双相式发酵工艺是采用两个发酵罐，一个主要通过微生物把复杂有机物降解为基本结构单元或简单有机酸醇等，再由产氢产乙酸细菌将其转化为氢气、乙酸和二氧化碳等。另一个通过甲烷细菌的作用将乙酸、二氧化碳和氢气等转化为甲烷，发酵能量比单相式发酵能量高，甲烷气也会有所增加。

干式发酵与湿式发酵工艺差别。干式发酵的总固体浓度应按规定调到适宜程度，浓度越高，产气量也越高。常温干式厌氧发酵水稻秸秆产沼气的工艺，提高了单位原料产气率和产气速度，同时缩短了发酵周期。目前，比较受关注的是发酵产生的沼气用于发电和居民供暖，其将会得到推广与实施。湿发酵工艺中有效干物质含量很少，总效率低于干式发酵。

其他垃圾填埋厂产沼气工艺、污水处理工艺、污水处理技术、生活污水分流处理工艺等，部分地区已经将其应用到了生活中。

污水处理技术多采用污水厌氧反应，同时厌氧反应器起着决定性的功能。水力滞留期，固体滞留期和微生物滞留期都会影响厌氧反应器功能。这种反应器是在出水沉淀池中增设了污泥回流装置，增大了厌氧反应器中的污泥浓度，处理负荷工作效率显著提高。

随着技术的发展，还有一些典型的厌氧反应器，主要有上流式厌氧污泥床，下行式固定膜反应器，厌氧流化床，厌氧滤池，厌氧生物转盘等反应器。

厌氧消化技术处理畜禽粪便，具有节约能源和环保的双重效益。沼气池最初主要是针对农村用的发酵罐体，大多埋在地下。随着新材料的不断出现，沼气池的建造和结构方式也发生了改变。

三、沼气池的建造

沼气池的材质与形式各不相同，传统的沼气池为砖混结构，施工期长，形状近似于方体，产气量较低，保温性能差。随着技术的不断进步，混凝土结构、玻璃钢结构和改性塑料结构的沼气池相继出现。池体结构也有所变化，大多池体结构是分体组装式的，有椭圆形、圆柱形等很多形态，便于运输与安装，相对缩短了施工期限。

生态型社会主义新农村的建设，主要以沼气建设为着力点，大力发展农村用户沼气池和养殖场沼气工程的建设，地理位置的选择最好能够与厕所，猪、牛、鸡圈等地实行结合建造。发酵原料以人、畜、禽的粪便为主，另外再加上粉碎的稻麦秸秆或杂草等作为原料。

沼气的产气量可以用湿式气体流量计计量测定。甲烷及二氧化碳的气体含量的测量，首先用气体吸收球测定二氧化碳，然后吸收二氧化碳和氨后的剩余气体即为甲烷含量。

大部分农村是在高寒地区，如果没有保温、增温措施来保持发酵罐体的温度适宜，是很难产生合格可用的沼气的。所以，采用太阳能增温的联合沼气池技术，可以使沼气池内的温度达到微生物的最佳要求。

沼气池发酵会发生酸中毒现象，所产气体不能燃烧使用。另外，饲料添加剂中的硫酸铜和抗生药物中的氯霉素等物质随投料进入沼气池，对厌氧消化有强烈的抑制作用。

出料处理部分是沼气制取工程中不可缺少的构成部分，沼渣和沼液的综合利用也可以取得较好的经济效益。

四、沼气的发酵

影响高效产气的关键因素主要是看能否满足发酵的工艺条件，微生物的特性与生命活动周期是我们在利用微生物的同时还要考虑的因素。

发酵时需要最适宜的碳氮比，氮素被微生物利用后，剩下过多的碳元素，是导致原料中碳元素过多的原因之一，有可能会造成有机酸的大量积累，进而抑制甲烷菌的生长。

在沼气发酵过程中，沼气微生物获得自身生长繁殖需要的能量少。在有机物基质相同的条件下，耗氧消化所释放能量要高于厌氧消化所释放的能量。

由于在沼气发酵过程中，沼气微生物获得能量少，所以沼气微生物自身生长繁殖较慢，生成的污泥量也较少，对于有机物基质来说，则有很高的化学需氧量被转换成沼气。

由于沼气微生物的生长缓慢，因而减少了基质的分解速度，基质的滞留时间也就相对较长，所以需要较大的发酵容器。

沼气发酵处理的废水含量相对很高，但是沼气发酵在能够处理高浓度有机废物的好氧条件下，一般只能处理很少的有机废水。

除了人、畜粪便及各种农作物的有机废物外，各厂废物，如豆制品厂废水等都可用来进行沼气发酵。但沼气发酵不能完全去除有机物。沼气发酵处理后的废液仍需再进行处理,才能够达到排放与处理标准。

沼气发酵受温度影响较大,一般分为高温、中温和常温三种。高温发酵处理能力最强,中温次之,但这两类发酵都需要输入一定的热能来维持其所需的恒定发酵温度。

沼气发酵温度高,则处理能力强,即沼气产气率高。实际上,对于不同发酵温度,也有着与其相适应的菌群。

第四节　沼气的使用与维护

沼气发酵原料是产生沼气的物质基础,原料的种类、数量对产气量有着密切的关系。由于原料颗粒小,易降解接触菌种,所以要预先处理。

经过预先处理吸足水分的原料,在进入池内后才能与菌种很好接触,不致浮上液面。如果秸秆类原料浮在液面就很难被充分降解产生沼气了。

沼气池在使用过程中,会出现一些大大小小的故障,如果这些故障不排除会影响用气、用肥,严重降低了沼气池的使用效果。

一、漏水漏气的维修

沼气池质量的好坏最显著的特点是不漏气、不漏水。沼气池修建完工并装好导气管、气压表、开关后就可以检查沼气池是否完好。

(1)检查是否漏水。从进料口注入清水,记下水位高度,水位不再下降或下降很少,说明沼气池不漏水。

(2)在不漏水的基础上检查是否会漏气。将沼气导气管上的开关关上,从进料口不断注入清水,让池内空气压力增加至一定高度时停止加水,记录水柱刻度,如果气压表上的水柱不下降或下降很少,说明池子气箱部分基本不漏气,质量合格可以投入使用。

压力表上升很慢,这时产气量低,一时之间就会混淆是产气少还是漏气。这种情况可用正负压测定。如果池子有漏洞,池内沼气不会漏出来,只会把池外的空气吸进去。

把取出的粪水如数倒入水压间内,观察压力表水柱上升高度,就可以看出到底是沼气池漏气还是产气慢了,如果沼气池漏气,应进行检修。同时,对输气管路也应进行检查是否漏气。如果既不漏水也不漏气,这就说明是产气慢。

对于沼气池漏气、漏水的判断也是有一定程序的,在试压时,当压力表上升到一定位置后,停止加压,观察压力变化情况,根据下降的快慢速度,判断到底是漏气还是漏水。

漏气池在使用过程中,若发现水柱向进气方向移动,即出现负压,则说明沼气池漏水;若水柱移动停止或移动到一定高度不再变化,则说明沼气池漏气。

漏气多数是气室的密封层没有做好,采用密封涂料掺水泥将气室多粉抹几次即可。漏气还有可能是活动盖漏气或是沼气池气室漏气所引起的管道漏气，找到具体漏气部位进行维修。

漏水多数是由于建池地基选择和处理不当，以及与池墙结合部位密封与强度不够，或进、出料管搭接处处理不当。当池体装水后，地基下沉，往往将进、出料管折断而导致严重漏水。

有时候因水泥砂浆粉抹时没有压紧造成孔隙而产生渗漏，或因砖块筑水压间没有满浆而产生漏水，严重漏水的沼气池是容易被觉察的。

一般池内液面下降到某一水位，不再下降，其漏水处也大致在这一水位附近。查到裂缝处，采取相应的常规措施，加固修复即可。

二、产气量不足的解决方法

有的时候会出现新沼气池装料不产气这种情况，大体上可以归纳为以下原因：

(1)加入沼气池的料液水温较低没有达到适宜温度，抑制了甲烷菌的生命活动。如在一些寒冷地区加料时可能是寒冷季节，沼气池温度较低，会造成长时间不产气。

(2)沼气池的发酵液浓度过大，初始所产的乙酸使得甲烷菌消化不了，会使发酵大量积累导致料液酸化。

(3)装料时没有加入足够数量的接种物，池内产甲烷菌少，使沼气发酵不能正常进行。

装料后产气很少且有的沼气燃烧不理想，这种情况多见于冬季气温低的时候。出现这种情况的原因可能是缺乏产出甲烷菌的生长条件；可能是漏水或漏气导致沼气池密封不强，输气管道、开关利用不当而引起漏气；也有可能是池温太低。

应对上述出现的问题，解决方法主要有：

(1)新建沼气池及输气系统均应进行试压检查，必须达到质量标准，保证不漏气、不漏水才能使用。

(2)排放池内有不可燃气体，添加适量菌种，主要是加入老沼气池、粪坑中的渣液，或换掉大部分料液。注意调节发酵液的酸碱度。

调节酸碱度需要从进料口加入适量的氨水或石灰水，或适量的草木灰等碱性物质，并在出料间取出粪液倒入进料口，同时用工具伸入进料口中有规律的搅动。

用石灰调节酸碱度时，不能直接加入石灰，只能用石灰水。石灰水将和沼气池内的二氧化碳结合，石灰水的浓度应与二氧化碳的浓度调到适宜状态，否则会影响沼气产量。

(3)发酵原料不足，浓度太低，产气量将会减少，或原料虽多，但很不新鲜，营养元素已经消化完了，使沼气细菌得不到充足的营养条件。

当池内的阻抑物浓度超过了微生物所能忍受的极限，使沼气细菌不能正常生长繁殖，这就要补充新鲜发酵原料或者需要更换沼气发酵原料了。

要多产沼气必须具备如下的基本条件，首先池内的温度会影响沼气的产气量。沼气发酵温度可以在较大范围内进行，大多情况下都可以产出沼气，在一定温度范围内温度越高，产气量也会增高。

而有些家用沼气池是自然温度发酵，以恒温为主。因此尽可能保持池内温度较高或基本恒定，是多产气、均衡产气的关键。

酸碱度的掌握也是必不可少的一道工序。沼气发酵的酸碱度最适宜值是呈中性，正常产气的沼气池料液会自然平衡。但大量加入新鲜原料或鸡粪时料液会变酸。此时，应用草灰、石灰水加水稀释后从进料口加入，搅拌调整酸碱值。

经研究证明，发酵液浓度的高低对产气量也有着很大的影响，只有合适的浓度，才能充分发挥沼气池有效容积的最大利用率。一般夏天浓度与冬天浓度的产气量是不相同的。

为了很好的提高沼气池冬天产气率，发酵液浓度就应从夏天开始提高，最好在午后气温较高时进料，尽量减少进料口料液温度骤然下降，所以进出料口应加盖。大风降温和夜间降温应用稻草覆盖池面保温。沼气池建在猪舍内也有利于保温提高产气率。

沼气池地址的选择和土方开挖也是很重要的，在气候温暖的地区，基本可以不考虑冬天结冰冻土的问题。但为了使沼气池经久耐用，保证质量，沼气池地址的选择仍是一个重要的环节。

第五节　沼气的安全及管理

安全的使用沼气，才能防止事故发生。

一、建沼气池要规范

建沼气池的地方最好遵循将厕所、猪舍、沼气池相结合的方式，尽量建在离用气点较近的地方。沼气池的建设最好远离竹子等相关树木，无法避开时，应截断树根、竹根。

将截断的树木、竹子切口涂上石灰，以防根系侵入池内引起漏水漏气。应选择地下水位低、土质坚实、并且表面没有载重车辆通过的地方建池。

如果建池地方实在难找，可以把沼气池建在猪舍内，也是一个不错的办法。池基土方开挖前，按施工图纸确定位置，如遇到土质松软应适当加大开挖边坡。挖池基时，尽量少动原状土。挖出的土方应运走或远离池基堆放，防止压塌土坑壁，砸伤或压埋挖池的施工人员。

沼气池质量如何，很大程度取决于技工的技术好坏，好技工技术工艺精湛，在完全保证质量的同时，又节省原料、节省时间、节省开支。

因此建池户一定要选择经过技工培训或有很多经验的技工，经过实践证明，能建好沼气池，可以要求技工履行包建池、包质量、包安装维修的三包承诺。

建沼气池的主要材料是沙、碎石、红砖、水泥、少量钢筋等。沼气池的池型选择必须与使用安全、方便相结合。椭球形水压式沼气池使用很普遍。容积大小应根据发酵原料多少进行设计，用气量多少计算确定才比较科学。

沼气池是一个密闭容器，缺乏氧气且空气不流通。沼气是一种易燃易爆的气体。沼气中的甲烷浓度达到一定程度可以使人麻醉，甚至可使人窒息死亡。二氧化碳也是一种窒息性气体。因此，在使用沼气和维修沼气池时必须高度重视和做好科学使用知识的普及宣传，防止安全事故发生。

二、进出料时不可大意

进出料时必须加盖，防止小孩、畜禽误入其中。同时还可减少氨态氮挥发损失。集中用肥大出料液时，容易出现池内负压而造成池盖裂缝崩塌。

禁止在沼气池出料口或导气管口点火检查，以免引起火灾或回火，致使池内气体猛烈膨胀，导致沼气池出现裂缝甚至爆炸。

装过料或需要清渣检修的沼气池，人下池前首先要打开活动盖，从出料口抽排料液，并用风机从进料管向池内通风换气，直到沼气排空换净为止。然后检修人员在有人看护的情况下，系好安全带才能下池检查维修，以免发生中毒事故。

万一沼气池内有人昏倒，切忌立即下池救人，首先应想办法向池内通风，排除池中沼气，不能吸烟点火，否则容易造成下池救人的人也出现中毒窒息等状况。

家庭使用沼气，开关应装在小孩接触不到的高度，以防小孩乱动开关泄漏沼气。使用时先点火后打开开关。应安装一些装置器，减少硫化氢对炉、灯具的腐蚀作用。

沼气池设计装料量约占沼气池大部分的容积，其中应保留一定空间为气室。随着发酵时间的增加，发酵池内会产生污泥沉淀，料液上层会慢慢产生浮渣结壳。这种现象产生会不断挤占发酵池的有效容积，减少新原料在池内滞留时间。导致原料利用率降低，产气总量减少。因此，发现浮渣结壳、沉渣多的情况时，就需要破壳清渣、换料清池，才能保持原设计发酵池容积，满足正常产气供使用。

三、配套设施常检查

科学使用沼气，提高利用率关系到整个沼气输配系统，具体要注意输气管道口径不能太小，根据距离选用，只要可以满足用气即可，管道内不能积聚冷凝水，可采用一定的办法使冷凝水倒流回池内或安装集水器。

使用沼气器具，前端应安装沼气脱硫器，通过脱硫减少腐蚀性气体对灯、炉、热水器零配件的腐蚀，延长使用寿命。选用的炉、灯和热水器等器具应保证质量，进而提高热效率。

沼气池应均衡用气。早晨尽量早用气、多用气，晚上最好迟一些用气，尽量把气用完，保持池内气压相对均衡。晚上所产沼气能储存在气室，避免跑气漏气。

四、冬季管理要细心

进入冬季后，沼气池产气少，也比较难管理，有些沼气池甚至出现冻裂。温度是沼气发酵的重要条件，温度适宜则细菌活力强，繁殖旺盛，厌氧分解和生成甲烷的速度就快，产气就会越多。冬季温度低，不利于沼气发酵产气。因此，加强沼气池的冬季管理十分重要。当发酵温度低于一定温度时，仅能产生微量的沼气。所以农村沼气池在冬天必须采取越冬措施，以保证正常产气。

(1)搅拌要充分得当。冬季低温条件下沼气池容易结壳、分层，需要加强搅拌。用人工搅拌或沼液回流搅拌，避免结壳、分层。

(2)冬季低温条件下管线中容易形成冷凝水，所以管线保养很重要，需经常观察集水器，如发现有冷凝水应及时清除，避免堵塞。此外，还要尽可能将管道埋入地下或用稻草绳、碎布条、塑料薄膜包扎管道，防止冻裂。漏气、老化的管道、接头要及时更换。

(3)沼气池越冬管理的要领在于加温促腐，在冬季需要覆盖保温。可在沼气池表面覆盖稻草、柴草、秸秆、堆肥或者加厚土层，覆盖面要大于池面，以防止冷空气进入而降低池内温度。在沼气池周围挖好环形沟，沟内堆沤粪草，利用发酵酿热保温。有条件的还可以建设塑料大棚保温。换料、进料时，应注入一定量的污水，严防外部水流入降低池温。冬季要及时补料，使料液浓度提高，并以富含氮元素的新鲜猪粪、牛粪、羊粪等作为发酵原料，而不能用于麦草、玉米秸秆等纤维类发酵原料，缩小碳氮比差，加快甲烷菌群的繁殖，提高产气量。

(4)防池壁裂痕。如果冬季气温骤降，还容易造成池壁出现裂痕，对产气和沼气池的寿命危害很大，必须高度重视。如果发现池壁确有龟裂痕迹，必须修理。修理时须严格，将池内清空，各项安全措施到位后，入池重新涂抹灰浆。

先将池内残留物清理干净，然后涂抹浆，可极大提高产气量并延长沼气池的使用寿命。特别要提醒的是，修理沼气池应由专业的沼气施工人员进行，切不可擅自修理，否则有生命危险。

新池不宜在冬季启用，冬季发酵困难，若在冬季启用新池，沼气池产气不但效果不好，对沼气池的长效使用会带来不利影响。

同样的，也不宜在冬季进行大换料。沼气池严禁没有料液就过冬，老池在入冬前一般可取出一部分的料液用于冬季施肥，然后加入少部分新鲜原料，起到发酵增温保湿作用。

新池应塞满秸秆、杂草堆沤发酵，以防池体冻裂，来年启用时再将堆沤物清除。未启用的新池虽然产气并不明显，但地下沼气池实际上处于半生产状态，应拔下导气管，以防冬季缓慢产气胀坏池体，或沼气外漏造成安全隐患。

五、新池使用多观察

沼气池已装料、装水，而且水位不下降，但压力表的水柱不上升，须检查池子是否漏气，可用火焰法。沼气池装料以后经过一段时间，如仍不产气，可能气箱漏气，这时可将输气管对准火焰，打开开关。若无气体喷出，火焰不动，证明气箱或管道漏气。若有气喷出而不燃，是杂气太多，排除几次再试。若能点燃，是产气少，这是从无到有，由少到多的过程，是正常现象。

沼气池开始正常产气，不久产气明显下降，出现这种现象的原因是漏气。沼气池装料产气使用期间，如突然发现水柱向进气方向相反的方向移动，出现负压，说明沼气池漏水。

在开始使用时，应先查外部，再查内部，逐步排除疑点，找准部位，再对症修理。外部检查时，导气管和池盖接头处、活动盖黏结处容易出毛病，要注意检查。

内部检查时，根据外部检查结果，消除了外部漏气因素，确定为池内漏水、漏气后，就要把池子里的料液清除干净，待池内气体完全排出之后，进入池内观察池盖、池墙、池底和进、出料管等部分有无裂缝、孔隙，导气管是否松动。

进、出料管与池墙或池盖连接处，也容易产生裂缝，应仔细检查。还要观察池壁是否有渗水现象。对于不明显的渗水部位，可在其表面均匀撒上一层干水泥粉、草木灰等，如出现湿点或湿线，即漏水孔或漏水线。因为有水漏出的地方，也会有水渗进池壁现象，这样就可以找出准确的漏水孔和缝隙，做好记号，以便修补。

推广应用的新水压式沼气池，是在专利产品的基础上进一步改进的新型沼气池，具有不易结壳、产气多、气压稳定、安全性能好等优点，解决了现行沼气池难排渣、产气少、气压不稳定、输气距离短等问题。该项目成果取得了不错的经济和社会效益。

第七章　选用秸秆燃烧发电

第一节　秸秆燃烧发电的意义

秸秆是一种很好的清洁可再生能源，秸秆的热值标准与煤很相近，而且其平均含硫量也很少，而煤的平均含硫量相对于秸秆来说很大。

在生物质的再生利用过程中，排放的二氧化碳与生物质再生时吸收的二氧化碳达到碳平衡，可以达到二氧化碳零排放的效果，市场前景非常广阔。

秸秆发电是秸秆优化利用的最主要形式之一。随着各种法律的出台，秸秆发电备受关注，目前秸秆发电呈快速增长趋势。各级政府在招商引资中也都把秸秆发电作为一项重要内容，秸秆发电概念在市场上也开始活跃。秸秆发电利国利民，受到越来越多的人的关注。

秸秆发电的意义在于我国能源结构以煤为主，煤炭所占的比例很大，造成了严重的大气污染。秸秆发电基本不增加温室气体，所燃烧的是植物当年或前一年转化的空气中的碳，而不像煤炭、石油、天然气那样，是很久以前的碳。

运营效率较高的生物质发电机组，与同功率火电机组相比，可有效减少二氧化碳排放量。火电厂大量排放二氧化硫，造成酸雨和酸沉降。而秸秆含硫量要比煤炭含硫量少，这样生物发电还可大大减少二氧化硫等污染气体的排放。

另外，传统火电厂燃煤后产生很多废渣，而生物质直燃发电产灰率要比传统的低，灰粉中富含钾等矿物质元素，适当加工可制成高效肥料。因此，秸秆发电的原料是从空气中获取，然后经过利用再排放到空气里去，剩余的再回到土里，基本不形成污染。

我国生物质资源非常丰富，农作物秸秆资源量很多，其中很大一部分可作能源使用。我国通过引进、消化、吸收国外先进技术，在此基础上进一步提高商品化、集约化、规模化的管理水平。结合我国国情，在农村推广实施秸秆发电技术，在缓解电力供应紧张、节省不可再生资源等方面都具有特别重要的意义。

秸秆发电不但减少了秸秆焚烧对环境造成的危害，减少了温室气体和有害气体排放，而且对带动新农村建设无疑将起到重要的促进作用。

第二节　国外秸秆燃烧发电技术

在秸秆发电这个领域里，丹麦的一些公司是世界领先者，第一家秸秆燃烧发电厂很早就投入运行了。此后，这些公司在西欧设计并建造了大量的生物发电厂，而且装机容量很高。

第一次石油危机后，丹麦能源一直依赖于进口，在大力推广节能措施的同时，他们积极开发生物质能和风能等清洁可再生能源，现在以秸秆等可再生能源发电已经占有大部分的能源消费量。

丹麦一些公司率先研发了秸秆生物燃烧发电技术，目前，丹麦的一些公司在这一领域仍是世界较高水平的保持者。在这些著名能源研发企业的技术支撑下，丹麦的秸秆生物燃烧发电厂已经开始运作。

丹麦某公司曾是享誉世界的发电厂设备研发、制造企业之一，长期以来在热电、生物发电厂锅炉领域也处于领先地位。

目前，丹麦已建立了很多家秸秆发电厂，还有一部分烧木屑或垃圾的发电厂也能兼烧秸秆。丹麦公司的秸秆发电技术已走向世界。一些发达国家由丹麦公司提供技术设备建成了秸秆发电厂，装机容量很大。

丹麦领先开发新技术，促使一直依赖石油作为唯一能源的丹麦推行多样化政策，积极开发生物质能、风能和太阳能等可再生能源。

目前在一些欧洲国家，利用植物秸秆作为燃料发电的机组已有很多台，社会和经济效益都很好。

作为丹麦公司在我国电力领域的项目发展公司和窗口

公司，在我国也有很多公司投资生产世界先进的发电厂设备。逐步把生物质能发电技术引入我国，在国内生产生物质能发电锅炉及全部配套设备。

第三节　秸秆燃烧发电技术

农作物秸秆直接燃烧供热、发电的利用方式，是一条将秸秆转化为生物质能源可行的工艺技术路线。如果秸秆直接燃烧供热、发电示范成功，将成为我国最大的支农项目、最大的节能、环保项目，是我国最可能迅速大面积推广的可再生能源项目。

正是由于秸秆直接燃烧发电项目拥有以上特点，同时它又有可能解决目前许多企业面临的煤炭供应趋势紧张，价格持续上升的问题，我国启动实施秸秆发电的示范工程引起了国内外业界的极大关注。

目前，生物质发电工程已列入国家级示范项目。一些地区相继出现了几个示范项目，并且引进丹麦公司的世界先进的秸秆发电技术。很多大公司作为项目投资和项目实施单位，在当地做了大量的前期调研，力争在吸收丹麦先进技术的基础上，开创出一条符合我国国情的新路。

在我国，秸秆燃烧发电技术虽然还正处于示范研发阶段，但其技术模型已经比较完善。

发电厂内建设两个独立的秸秆仓库。每个仓库都有大门，运输货车可从大门驶入，然后停在地磅上称重，秸秆同时要测试含水量。

秸秆的含水量都是有一定的标准，超过限度的，则为不合格。在欧洲的发电厂中，这项测试由安装在自动起重机上的红外传感器来实现。在我国，可以手动将探测器插入每一个秸秆捆中测试水分，该探测器也能存储很高的测量值，测量完所有秸秆捆之后，测量结果可以存入连接至地磅的计算机。然后使用叉车卸货，并将运输货车的空车重量输入计算机。然后可根据前后的重量以及含水量计算出秸秆的净重。

货车卸货时，叉车将秸秆包放入预先确定的位置。在仓库的另一端，叉车将秸秆包放在进料输送机上。进料输送机有一个缓冲台，可保留秸秆一段时间。秸秆从进料台通过带密封闸门的进料输送机传送至进料系统，然后经过一定的程序，将秸秆燃烧后进行发电。其中一些设备都是专门为秸秆燃烧配备的。

锅炉采用自然循环的汽包锅炉，过热器分两级布置在烟道中，烟道尾部布置省煤器和空气预热器。由于秸秆灰中碱金属的含量相对较高，因此，烟气在高温时，具有较高的腐蚀性。此外，飞灰的熔点较低，易产生结渣的问题。

如果灰分变成固体和半流体，运行中就很难清除，就会阻碍管道中从烟气至蒸气的热量传输。严重时甚至会完全堵塞烟气通道，将烟气堵在锅炉中。由于存在这些问题，因此，专门设计了过热器系统，已经应用在最新的发电厂中。

汽轮机和锅炉必须在启动、部分负荷和停止操作等方面保持一致，协调锅炉、汽轮机和空冷凝汽器的工作非常重要。

丹麦几乎大部分的发电厂都是海水冷却的，西班牙有的发电厂是河水冷却，英国的发电厂装有空气冷凝器。在我国，空气冷凝器是一种很成熟的产品，可以在秸秆发电厂中采用。

在湿法烟气净化系统之后，安装一个布袋除尘器，以便收集烟气中的飞灰。布袋除尘器的排放很低，大大低于我国烧煤发电厂的烟灰排放水平。布袋除尘器为脉动喷射式，容器由压缩空气脉冲清洁，秸秆副产物通常含有少量灰分。这种灰以锅炉飞灰和灰渣、炉底灰的形式被收集，这种灰分含有丰富的营养成分如镁、磷、钾和钙，可用做高效农业肥料。

随着提倡新能源政策的制定，政府投入大量资金用于可再生能源的研发工程，由能源相关管理部门，对特定项目进行补贴，并集中专业人才建立了强大的研发力量。相关部门保证最低上网电价，免收能源税、二氧化碳税，也有权威部门对各发电、供热运营商提出在风电、生物发电等方面的明确要求，各发电公司必须有一定的可再生能源容纳量。政府还为大量的测试站及示范项目提供资金支持。通过补贴设备价格对再生能源的项目投资给予补贴。原来秸秆锅炉制造补贴金额很高，随后，由于技术的改良，设备成本的下降而逐年下调，国家实施对锅炉价格的补贴减少，目前采购补贴几乎已经取消。

这些示范项目如能成功，将给我国广袤的农村带来前所未有的新能源革命和巨大的经济效益。除上述两个示范项目外，江苏如东县、黑龙江庆安县、北京平谷区等生物质能丰富的县都在积极与龙基电力有限公司洽谈，着手筹建秸秆发电厂。

第四节　秸秆发电前景与存在问题

目前，生物质秸秆发电技术的开发和应用，已引起世界各国政府和科学家的关注。许多国家都制定了相应的计划，如美国的能源市场，日本的阳光计划，印度的绿色能源工厂等，它们都将生物质秸秆发电技术作为发展可再生能源战略的重点工程。

根据我国新能源和可再生能源发展纲要提出的目标，我国生物质发电装机容量要提高。因此，从中央到地方政府都制定了一系列补贴政策支持生物质能技术的发展，加快了技术商业化的进程。

随着我国国民经济的高速发展和城乡人民生活水平的不断提高，既有经济、社会效益，又能保护环境的秸秆发电技术的利用前景将会越来越广阔。

我国农村的秸秆资源相当丰富，主要的农作物种类有稻谷、小麦、玉米、豆类、薯类、油料作物、棉花和甘蔗。

根据我国地理分布和气候条件，南方地区水多、气温高，适合水稻、甘蔗、油料等农作物生产；北方地区四季温差大，适合玉米、豆类和薯类作物生长，故播种面积大于其他地区。

小麦在我国各地区都普遍种植，播种面积以华中、华东地区最多。棉花产地主要是华东和华中地区，其次是华北和西部地区。预计近几年，我国每年秸秆资源的可获得量要在很大范围上提高，如果将这些秸秆资源用于发电，发电量也是很惊人的。

根据国家对可再生能源发电的一系列优惠政策，秸秆发电厂所发电量由电网全额收购。上网电价经当地省政府价格主管部门，按现行电价政策提出上报国家发展及相关部门核批后，针对每度用电提出了一个普遍都能接受的合理价位。

进口设备的关税和进口环节增值税几乎全免，同时，各地方省市还因地制宜地制定了其他的补贴政策。这些政策的出台为秸秆发电在农村的推广利用提供了有力的保障。可以预见，在我国农村推广生物质能秸秆发电技术市场广阔，前景光明。

秸秆是十分宝贵的清洁可再生能源，不仅含硫量少，而且是世界上仅次于煤炭、石油和天然气的第四大能源。通过秸秆处理系统将农作物秸秆进行集中焚烧处理，在保证不造成任何形式的二次污染的前提下，利用农作物秸秆燃烧产生的热能发电。

目前，我国农作物秸秆年产量是一个非常庞大的数字，其中可作为能源用途的秸秆可替代大量的煤炭，几乎相当于河南一年的产煤量。

随着技术的改善，掺烧秸秆发电也被提到可行方案的日程上来，而且我国已有这样的先例。例如我国南方有些地方利用甘蔗渣掺烧发电。一些特种锅炉厂的技术人员经论证后确认，只需要对现有此类电厂锅炉炉膛稍加改造，再增加输料和袋式除尘装置即可。

以秸秆替代部分煤炭作为燃料后，发电机组的稳定正常运行没有受到影响。同时，电厂掺烧秸秆后也不会增加污染。集中处理秸秆时，只要技术处理得当，对环境不但没有影响，从总体而言对环境还有一定的改善作用。

近年来，在电力紧缺、新型火电机组建设周期又较长的情况下，小火电厂为缓解电力紧张、发展地方经济起到了不小作用。这一方面确实弥补了电力缺口，拉动了地方经济和就业，但另一方面，由于其耗煤高、污染大等方面的先天不足，今后对于已建成的众多小火电厂发展将是个很大的难题。

如果不再与大电厂争煤，改为就地取材以秸秆发电，小火电厂的运行、经营方式将发生重大转变，进入国家产业政策的允许范围，在近来电源建设大范围推广下，也为那些小火电厂提供一条较好的出路。

我国的生物质十分丰富，现每年仅农作物产生的秸秆量就可达到很高标准，并且将会继续增多，很大程度上代替了煤的使用。

随着各种法律的即将实施和与之配套的政策措施的出台，将催生一批秸秆发电项目。目前不仅已有几个地区的此类项目通过了国家审批，而且其他很多省份也在积极调研筹备，争取早日上马。

目前从全国情况来看，我国非再生能源人均占有量少的国情不会改变，能源对经济社会发展的制约作用越来越大。另一方面，我国农作物秸秆年资源量很高。

国家相关部门正在加紧研究政策、制定措施，积极吸收国内外先进技术和经验，大力推进秸秆发电，积极开发清洁可再生能源。

在某省政府的支持下，我国运用秸秆发电技术改造老电厂项目将在发电厂进行。改建完成后，现有锅炉可以在燃煤的同时燃烧秸秆。

在一些地区的小电厂中，既不是热电厂，又不是利用煤泥、煤矸石发电的小电厂很多，这些地方正计划着将尽快利用秸秆发电技术，对这部分小电厂进行改造。发达省市也都计划对部分小电厂进行改造。我国秸秆燃烧发电项目将在很多省市实施，同时，这些省市还计划在有条件的县规划建设多个秸秆燃烧发电厂。

在我国发展秸秆燃烧发电的积极因素在于以秸秆替代或掺烧煤火发电，可节约大量的煤资源，以平均热值计，秸秆近似于燃煤发电。可大量减排温室气体，将可争取发达国家减排贸易的技术和资金的支持。

据估算，一个电厂，因采用秸秆燃烧发电可以大大增加农民收入。秸秆灰渣是很好的钾肥，可直接利用或进一步加工成复合肥等，可以带动周边农村经济收入。

新建和对现中小火电厂进行秸秆燃烧技术改造存在以下三个主要问题：

(1)以前煤价低，进煤方便，没有缺粮之虞。

(2)农作物秸秆属于集中收获，全年消费和利用，存在存储和供应不均衡的难题。

(3)国内没有现成的技术设备。

第八章　生物制氢

氢气作为一种高效、清洁、可再生的能源，在全球能源危机和环境污染的情况下，显得难能可贵，而且，在不远的将来，氢肯定会对全球生态环境产生巨大的影响。

氢燃烧只会生成水，不会产生任何污染物，甚至连二氧化碳也不会产生，真正实现了“零排放”。目前，世界各国都在积极研究制氢技术，生物制氢是其中之一。

生物制氢，是指生物质通过气化和微生物催化脱氢方法制氢。在生理代谢过程中产生分子氢的过程的统称。

生物制氢分两类：一类是生物质制氢，包括生物质气化制氢和生物油重整制氢，生物质气化主要是采用木屑、秸秆末等为原料；生物油高温重整制氢，其原料来源于生物质高温裂解。另一类是微生物制氢，主要是利用微生物特性来获得氢气，同时获得一些有价值的副产物。

生物制氢，是可持续地从自然界中获取氢气的重要途径之一。在全球能源危机和温室效应的大背景下，生物制氢作为可持续发展的工业技术，再次引起人们的重视。

一、光发酵制氢技术

光发酵制氢，是光合细菌利用有机物通过光发酵作用产生氢气。

很多时候，我们生产生活所排放的废水都是有机废水，比如我们日常生活排放的洗衣服的水、厨房用水等，这些有机废水里含有大量的有机物成分，很多都是能被光合细菌利用的。

由于生活废水过于分散，不好收集，所以现在进行光合细菌产氢的研究以养殖业的废水和加工业废水作底物居多，比如说牛粪废水、精制糖废水、乳制品废水、酿酒废水、淀粉废水、豆制品废水等。

光合细菌利用光能，催化有机物厌氧酵解产生的小分子有机酸、醇类物质为底物的正向自由能反应而产氢。因为是利用光能和有机废水，而有机废水，或者说污水的颜色深浅直接影响光的穿透性，污水中若是含有铵盐，铵盐又能够抑制固氮酶的活性，从而减少氢气的产生，想要利用有机废水生产氢气，首要的工作，就是解决污水的颜色和污水中的铵盐浓度等问题。

如果污水中含有有毒物质，例如重金属、多酚值较高，那么在制氢前必须先经过预处理。

二、暗发酵制氢技术

暗发酵制氢，是异养型厌氧细菌利用碳水化合物等有机物，通过暗发酵作用产生氢气。暗发酵制氢技术可应用的原料比较宽泛，工业废水、农业废水、食品工业废水都可以，只要这些废料里含有葡萄糖、淀粉、纤维素等碳水化合物就可以。

三、光发酵和暗发酵耦合制氢技术

这种技术是上述两种技术的结合体，比单独使用一种方法制氢具有很多优势，不仅相互交替，相互利用，相互补充，而且还可提高氢气的产量。

四、光解水制氢技术

光解水制氢技术，是利用藻类或者青蓝菌的生物光解水法，微藻及蓝细菌以太阳能为能源，以水为原料，通过光合作用及其特有的产氢酶系，将水分解为氢气和氧气，这种技术被称为光解水制氢技术。这种技术在制氢过程中，需要光，不产生二氧化碳，对环境无污染。蓝细菌和绿藻均可光裂解水产生氢气。

总体而言，生物制氢技术尚未完全成熟，在大规模应用之前尚需深入研究。不过就这四种方法相比较来看，产氢效率最快的，是光发酵和暗发酵耦合制氢技术，而且在原料上，它是可以利用各种工农业废弃物来制氢的，在光发酵过程中不需要氧气，对环境极有好处，转化底物效率也是最高的。

产氢效率快的，是暗发酵制氢，也是可以利用各种工农业废弃物来制氢的，发酵废液在排放前需处理，转化底物效率也是高的。

产氢效率较快的，是光发酵制氢，它在原料上可以利用各种有机废水制氢，制氢过程需要光照，转化底物效率也较高。

而在这四种生物制氢技术里，产氢效率最慢的，就是光解水制氢了，不过它的原料很简单，只需要水就可以了，需要光，不会对环境产生污染，只是转化底物效率也很低就是了。

五、生物制氢的发展前景

目前，在全球能源危机、环境污染的情况下，人们积极寻求可再生的能源，无污染的能源。氢的特性，决定了它的用途越来越广泛，氢能的应用，将势不可挡地进入社会生活的各个领域。

任何一种事物得到推广普及，势必都会增加它的需求量，氢能也不例外。由于氢能被日益广泛的应用，人们对它的需求量也是水涨船高，因此开发新的制氢工艺势在必行，从氢能应用的长远规划来看，开发生物制氢技术，是历史发展的必然趋势。

第九章　生物能源利用技术

生物能源主要是指在生物体，尤其在植物体内，经一系列化学反应所释放出的能源。

在经济日益发展的今天，人们的消费理念是绿色、健康、环保，但是，有一些生活用品，如空调，在为人类带来好处的同时，也对环境造成了一定的污染和破坏，而且还很浪费电能。

其实，世界上90%的能源消耗来自植物光合作用所积累的能源，比如地球演变的历史上所积累的矿物能源，其中包括煤、石油、天然气，因为它们是堆积在一起的有机物经地质作用形成的，但总有一天矿物能源会消耗殆尽，能源危机威胁着人类的发展。

生物能源的开发与生物技术、基因工程密不可分。

在实际操作中，有一些房产开发商提出了绿色生态科技住宅的做法，要打造绿色生态节能住宅小区，将节能环保、舒适生活、智能科技三大体系相结合。这样做，既可以很好的节能，又提前实现了住宅节能新标准。

对于我国的某些能源小省来说，住宅节能更是一个关系到可持续发展的问题，节能减排，已成为当务之急。

生物能源是从太阳能转化而来的，只要太阳不熄灭，生物能源就取之不尽。其转化的过程是通过绿色植物的光合作用将二氧化碳和水合成生物质，生物质的使用过程又生成二氧化碳和水，形成一个物质的循环，理论上二氧化碳的净排放为零。当前生物能源的主要形式有四种：沼气、生物制氢、生物柴油和燃料乙醇。

第一节 智能化发展与节能误区

许多发达的国际智能系统的共同点主要包括：

(1)消防管理智能化。配备长时间管理火灾报警及自动灭火系统，设二氧化碳感应，自动提高通风量，保证发生紧急情况时的人员疏散和空气顺畅。

(2)通信智能化。综合布线满足最新的技术要求。预留升级端口多种方式上网，无盲区通信。为国际型企业预留卫星、微波通信通道，以利于资源快速传送。

(3)办公智能化。豪华大堂配备等离子大屏，介绍楼内公共信息与最新消息等情况。每单元敷设光纤、电话电缆、电视电缆至分户信息箱，并为企业扩展预留充足的空间。

(4)楼宇智能化。以全球著名品牌楼宇智能化控制系统为核心，优化空调、新风、照明、温控、供配电等系统。空调能耗自动计量，确保客户用能有度量，设置灵活，分摊有据，有利于客户自觉节能。

(5)安保监控智能化。完备的涉外标准智能安防监控系统、停车场自动化管理系统及一卡通智能系统。配有先进的视频保安监视系统、电子巡更系统和门禁系统。

业内人士曾用这么一句话来概括消费者的心理,即买着贵,用着省。节能住宅能耗指标更重要的是新风系统。

对于新风系统,平时没有什么特别感受,但是在夏天的几个月中,可以明显减少开空调的次数,新风系统还是很起作用的。

夏天睡觉前关掉空调,启动新风系统,基本能达到凉爽的效果,而且最大的好处是房间里的空气能够更新,空气清新度确实比较高。但是除了这个新风系统以外,大多数人对于节能住宅的其他节能设计毫无感觉。很多节能技术的名词太专业,很难记住,实际效果似乎跟以前住的老房子也没什么太大区别。

一些房子也称采用多项节能技术,但是空调的耗电程度并不比别的普通楼盘低。产生这种情况除了技术运用尚不成熟以外,消费者对于住宅的节能指标的关注程度不高,熟悉程度较低,也是重要因素。

科技住宅的节能主要包括两个指标:

(1)住宅的舒适度指标,包括室内湿度、温度,空气中污染物的含量,物体界面温差以及新风量等,这些都是衡量居住舒适与否的标准。

(2)住宅的能耗,主要关注的应该是整个建筑的能耗降低了多少，是零能耗、微能耗，还是低能耗住宅。如果购房者不了解这些，开发商也很少提供详细信息，往往就只剩下一堆概念，购房者即使住了很长时间，对节能也只是一知半解。

避免节能误区，说起住宅节能，不少购房者的买房标准都是大阳台、大飘窗、南北通透，虽然大飘窗通风、采光、观景效果较好，但从建筑节能方面看，约一半的能量都是通过窗户、玻璃损失掉的，因此刻意追求大飘窗并不值得提倡。

很多买房人都格外重视外墙保温，然而业内人士表示，其实最重要的是门窗。首先要用双层中空玻璃，玻璃中间间隔越大，节能效果就越好。外墙保温发挥的作用在门窗之后。

假如阳台能封，也是一个不错的节能选择。如果是冬天，封阳台室温能达到很高的温度，就会出现一个较为温暖的室内小环境，即使里面的门开着，也能有效提高家里的温度。不过到了夏天，最好还是将阳台开封，以便更好地促进空气流通。

在写字楼、商场同样也存在一些节能误区。玻璃幕墙是当前流行要素，由于气派时尚，现代感强，迎合了现代办公环境的追求趋势，玻璃幕墙让消费者情有独钟。但玻璃幕墙也是建筑上的主要耗能点。据有关数据统计，玻璃幕墙的能耗要高于水泥墙面的能耗，而且后期对其进行改造的难度很大。

第二节 发达国家节能技术

日本集合住宅的节能设计主要体现在四个方面。

(1)提高保温性。提高保温性就是通过保温材料、保温构配件及严格的施工标准等减少室内热损失。目前,采用外保温是提高住宅保温性能的最为有效的做法。外保温与传统的保温方法不同,是采用保温材料将室内空间完全覆盖起来,不留丝毫缝隙。

(2)提高密闭性。提高密闭性就是尽量减少墙壁、天井及地面上的各种构配件和建材之间的缝隙,最大限度减少室内外冷热空气的对流。密闭性不好即使施加保温材料也无法达到节能的效果。但是密闭性好的住宅必须设置换气口,定期进行换气。

(3)立体绿化。立体绿化就是尽量增加建筑物可以绿化的空间,通过植物吸收太阳热能,降低建筑物表面的温度。一般包括庭院、阳台、墙壁及屋面的绿化。

(4)多种能源组合利用。即除普通电源外,还可以通过利用太阳能、风能、地热、燃料电池及各种余热,降低化石能源消耗。

英国在建设项目开工前先审核能耗,英国政府新近做出决定,博物馆、展览馆和政府办公大楼等建筑的能耗情况将张榜公布,动员社会力量加强监督,以促进全国实现节能减排的目标。

在英国,新建筑开工前必须将能耗分析报告提交有关部门并规划审核,获批后才能施工。在设计新建筑时,设计人员必须从冷、热、光、风、声五种要素出发综合考虑节能问题。

在设计建筑时,工程师要计算出建筑物对空气流动的影响,防止因风力过大,影响球场等公共设施的使用,或是风力太小,妨碍空气污染物的排出。

在采光方面,设计人员要利用模拟系统软件,估算出太阳的位置、光线的强度,通过改进建筑结构和朝向达到节能的目的。

德国发展被动房屋,被动房屋意味着房屋基本不需要去主动供应能量,德国的被动房屋单位面积供热能耗很少,远远低于目前德国的标准电度。

德国很早就有了被动房屋,主体为木质结构。此房屋建筑成本与普通房屋成本相近,但运行成本非常低,利用太阳能供热,供电可自给自足。

该房屋所采取的技术措施有:房屋朝南、楼间距大、保证阳光照射,采用了外墙保温系统。屋面保温与外墙保温相同,内墙用了隔火板,门窗采用三层玻璃,玻璃镶嵌在木质结构中,使用白色密封条。供暖、供热、供电、供水等管理也采取了保温措施。

美国以经济手段鼓励节能,投入大量补贴经费用于居民节能。补贴对象有购买高效低耗能器具的用户,新建节能住宅的开发商、新建节能商用建筑的设计者和业主。对于新建节能住宅建筑，则可获得税收减免。节能建筑设备也可获得税收减免的优惠。各种节能型设备根据所判定的能效指标不同，减税额度的标准也不同。

第三节 新型垃圾处理技术

目前，我国垃圾的堆存量逐年在增高。国内一些大城市，垃圾日产量已高达上万吨，光是上海市的城市生活垃圾日产量数目就已经是很惊人了，占地面积很大的垃圾山也不断出现。全国很多座城市已陷入垃圾围城之中。全国的垃圾产量达到了惊人的数目，而且还在以很快的速度增长。

迄今为止，我国绝大多数城市生活垃圾仍以露天堆放、填埋为主，不仅占用了宝贵的土地资源，而且对环境造成了严重的二次污染。能否妥善解决垃圾问题，是关系到国计民生的一件大事。

解决垃圾问题的目标是将垃圾减量、减容、能源化、资源化及无害化处理。目前主要有三种方法，即卫生填埋、堆肥及焚烧处理。以下将对这几种技术做一简单比较。

一、利用焚烧垃圾发电

首先先介绍一下焚烧技术对垃圾进行焚烧处理，减容、减量及无害化程度都很高，焚烧过程产生的热量用来发电可以实现垃圾的能源化，是一种较好的垃圾处理方法。但对焚烧条件控制不当会存在烟气污染问题，且设备投资巨大。

国外目前通过改进焚烧系统工艺及强化尾气处理等手段，已经较好地解决了尾气污染问题，但投资也相应增加。如果引进国外技术进行垃圾焚烧发电，则处理垃圾的建设成本是我国的地方财政难以承受的。而吸收国外先进经验，开发自己的垃圾焚烧发电系统，投资可以大大降低，比较适合国情。但即便如此，单纯依靠垃圾焚烧来解决问题的投资也还是相当巨大的。

以广州市为例，目前日产垃圾上千吨，如果采用基本国产焚烧发电技术和设备，其投资依然高达几亿元人民币，而且垃圾产量速度正逐年加快，这意味着每年新增垃圾焚烧发电建设费用很高，如果再加上从收集、清运到焚烧发电装置的运行费用，地方财政势必会不堪重负。

另一方面，垃圾焚烧发电的经济性也值得进一步探讨。同常规燃煤发电相比，垃圾焚烧电厂的发电装机容量都很小，而且由于腐蚀问题，目前垃圾焚烧发电的效率很低，远低于燃煤发电的水平。

如果垃圾热值很高，根据发电效率计算，垃圾处理量配套的装机容量也会很低，垃圾发电厂实际发电量与燃煤电厂相比，不仅规模差距很大，而且会导致运行成本的大幅度提高。电价无法同火电竞争，如果不依靠政府的财政补贴，垃圾焚烧发电厂将不能维持运行，当然也就谈不上产生多少经济效益了。为降低建设成本，省内许多地方已相继建设了一些小型的垃圾焚烧装置。

如东莞市的一个小镇，目前已投资建成了一定规模的固体废物焚烧装置。其共同的特点是单台炉的处理能力较小，而且无能量回收装置，处理的成本不含收集、运输费用，通常费用也是很高。

这些装置在一定程度上解决了当地的垃圾问题，但长远来看，由于其垃圾炉的结构设计不合理，基本都是由卧式燃煤锅炉简单改造而成。人们没有充分考虑垃圾与煤在性质上的巨大差异，因此尾气排放中必然含有大量的污染物。另外，直接照搬燃煤锅炉的炉排，导致维护工作量巨大，年运转负荷率较低。

就目前情况来看，由于我国对垃圾焚烧发电、电力上网方面的政策尚不完善，因此靠垃圾焚烧发电，工厂自用电以外剩余电力上网售电时机还不成熟。而且垃圾热值低，焚烧发电装机容量较小，发电成本高，与常规发电相比，电价也没有竞争力。从经济性角度来讲，垃圾焚烧发电并不是垃圾资源化利用的最佳出路。

二、垃圾填埋处理的弊端

填埋技术也是对垃圾进行处理的方法之一，填埋技术的特点是操作简单，可以处理所有种类的垃圾。但占地面积大，同时存在严重的二次污染，例如垃圾渗出废物会污染地下水及土壤，垃圾堆放产生的臭气会严重影响场地周边的空气质量。另外，垃圾发酵产生的甲烷气体既是火灾及爆炸隐患，排放到大气中又会产生温室效应。近年来，有的城市已经认识到这一问题，并建立了一批具有较高水平的卫生填埋厂。

这些高水平的卫生填埋厂较好地解决了二次污染问题，但建设投资大，运行费用包括规范的填埋、渗出液处理及甲烷收集利用等，因此运行费用很高。最关键的是填埋厂处理能力有限，服务期满后仍需投资建设新的填埋厂，进一步占用土地资源。

以北京为例，如果采用现在的技术，将北京市的垃圾进行卫生填埋处理，单是建设投资就高达上亿元人民币，还是不包含征地费用的情况下，而且填埋厂的寿命也只有仅仅的十几年而已。

基于以上原因，国外的卫生填埋设施有逐渐减少的趋势，成为其他处理工艺的辅助方法，用来处理不能再利用的物质。

目前，在广东省填埋仍是最主要的垃圾处理方式，完全采用卫生填埋方式处理，两大垃圾填埋场已经占用很大面积的土地，设计处理能力很高，而实际处理量与设计处理量还有一定的距离，在近几年内就将填满。有关部门正在计划建设新的垃圾填埋场，新的垃圾填埋场预计占地再次扩大，但远离市区，运输距离将拉长。

中山市投入巨资兴建的具有国内先进水平的垃圾卫生填埋场，目前尚能消纳上千余吨的城市生活垃圾，在不包括垃圾收集、清运费用情况下，其运行费用还是相当昂贵，而且只剩大约几年的服务期。

三、垃圾堆肥技术的应用

堆肥技术的工艺也比较简单，适合于易腐有机质含量较高的垃圾处理，对垃圾中的部分组分进行资源利用，且处理相同质量的垃圾投资比单纯的焚烧处理垃圾投资低。

堆肥技术在欧美国家起步较早，目前已经达到工业化应用的水平，但引进国外技术投资巨大，不适合我国国情。针对这一情况，我国一些研究单位和企业开始了这方面的工作，并取得了一定的成绩。

由于我国生活垃圾中的易腐有机物含量低，因此靠堆肥只能处理很少一部分的垃圾组分，这在一定程度上阻碍了堆肥技术的推广。但就广东省的具体情况来看，生活垃圾中的易腐有机质含量很高，因此采用堆肥技术可以达到比较好的处理效果。

堆肥技术也存在明显的缺点，不能处理不可腐烂的有机物和无机物，因此减量、减容及无害化程度低。因此仅仅依靠堆肥处理，仍然不能彻底解决垃圾问题。目前在广东省的一些地方，简单的垃圾堆肥已经在一些填埋场应用，并产生了一定的效益。但是这与我们所讲的垃圾堆肥技术相去甚远，因为在这些地方仅仅是将生活垃圾填埋，靠自然发酵，若干年后再挖掘出来，筛去其中的塑料等不腐烂的物质后就当做肥料出售。

实际上用这种肥料种植蔬菜、果树及粮食是危险的，原因是由于垃圾中不易腐的有机组分包括纸、布、橡胶、塑料等，其中重金属含量很高，在垃圾中重金属总量比例也很大。如果这类物质与易腐有机物长期共同埋于地下，加上雨水的作用，重金属必然会渗入最终的有机肥产品中，用这种肥种出来的食品重金属的含量必然超标，危害人体健康。

因此，堆肥技术必须是将新鲜的垃圾首先进行分类后再将易腐有机组分进行发酵，才能有效地防止重金属的渗入，从而保证有机肥产品达到国家标准，真正实现无害化和资源化。

其他技术如卫生填埋、自然发酵、沼气收集及燃气发电。该技术在杭州废弃物处理总场建成投产，外方投资，装机容量及平均功率发电并入电网，已产生了一定的经济效益。该工艺的优点是对垃圾进行了部分资源化利用，并减少了填埋场温室气体的排放，减少了填埋场的火灾隐患。但该工艺也存在明显的缺点，由于只对填埋气体进行资源化利用，因此资源化利用程度低。对填埋工艺要求高，如覆土、防水、压实。这项工艺需封场或部分封场进行抽气，所需垃圾的填埋量要占很大面积。因此只适合于大型或超大型的卫生填埋场。对填埋工作中产生的沼气无法利用。这同垃圾焚烧发电工艺一样，也需要政府政策上的优惠包括合理的收购电费,减免税收及财政补助等,以维持正常的运行及保证合理的投资回报率。

综上所述,单纯地依靠某种技术来处理城市生活垃圾,都不是适合国情的解决垃圾问题的根本方法。

四、垃圾的综合利用

垃圾是资源,这一点已成为人们的共识。因此,单纯地处理垃圾是不科学的。必须因地制宜,针对垃圾中组分的多样性,以资源、能源回收为出发点进行综合利用。

综合利用应包括以下几个方面的内容:

(1)易腐有机物的堆肥处理。

(2)高热值不易腐有机物的能量利用。

(3)灰渣的固化处理,实现灰渣的材料化。

(4)可用废纸、金属、玻璃等物资的回收再生利用。

目前,国内已有单位进行了这方面的尝试,但是由于技术上的问题,资源、能源的利用效率低,还不能利用垃圾自身的能量解决使用过程的高能耗问题,技术含量低,系统运行成本高,不利于产业化推广。

发展垃圾综合集成处理系统,应以系统能量自给为目标,一方面可以大大降低生产成本,另一方面由于选取较小的发电装机容量还可以使系统的建设成本大大降低,更适合国情,拥有广阔的市场前景,由此产生的社会和经济效益都将是相当可观的。

第四节　各地垃圾处理实例

一、固体废物处理实例

将固体废物气化为可再生能源，然后用于加热蒸汽来驱动发电透平。简而言之，将城市废物作为原料用于产生能量，废物产生的电力进入电网。该过程也可使用煤渣、煤矿废料为原料。

澳大利亚作为世界上较大的煤炭出口国，采用新技术利用煤炭废料用于发电已成为一种发展趋势。近几年，采用这一工艺过程已广布发电厂。

二、餐厨垃圾处理处置技术及各地实例

国内处理餐厨垃圾有三个方向，焚烧、填埋、生物减量化。卫生填埋是一种既经济又成熟的办法，这种办法仍然代价高昂，需要巨大的前期投入。生物制肥和发电是垃圾较为理想的出路，但都面临着投资巨大等难题。

如垃圾堆肥是将垃圾粉碎后发酵，由于其肥力不高，在市场上往往不受农民青睐。垃圾发电在焚烧过程中会产生致癌物质，控制有害气体排放是个难题。

当前简易而可行的方法是，从源头上控制餐厨垃圾快速增长的势头，一方面餐厨垃圾分类回收能有效减少垃圾总量。另一方面要控制餐厨垃圾对城市产生的危害。因此，对餐厨垃圾进行减量化、资源化、无害化处理，无疑是今后环保

工作面临的一个亟待解决的问题。

在对处理餐厨垃圾的技术上讲，主要有堆肥型和消灭型。其原理都是依靠微生物菌种在高温状态下的发酵作用进行生化处理。

堆肥型技术则将大部分餐厨垃圾变成了有机肥料和饲料进行资源化利用。消灭型技术将大部分餐厨垃圾变成了二氧化碳和水汽挥发掉。

用于处理餐厨垃圾的消化型有机垃圾生化处理机也曾被利用过，其基本技术是外加特殊菌种的动态好氧消化，采用间歇或连续方式搅拌，连续进料、间歇出料、要掌握好出料时间，间隔长，反应温度应当适中。其实质是高消化率的堆肥技术，该技术过去主要用于处理污泥和高浓度废水，而针对餐厨垃圾的处理方式涉及很少。

一些企业将建设资源化处理厂，对机关、团体、学校、酒店、餐馆等单位的餐厨垃圾实行统一收运，集中处理，制成肥料。资源化处理厂设计日处理能力是国内最大的餐厨垃圾资源化处理项目。

很多地方日产餐厨垃圾约上千吨，并且日产餐厨垃圾将继续增加。我国根据具体情况出台了一些餐厨垃圾管理办法，在很多地区建设了餐厨垃圾集中处理厂，日处理能力也逐渐提高。

餐厨垃圾管理办法明确规定了六项禁止：

(1)擅自从事餐厨垃圾收运、处置。

(2)将餐厨垃圾混入其他生活垃圾收运。

(3)将餐厨垃圾提供给指定外的单位个人收运或者处置。

(4)将废弃食用油脂加工后作为食用油食用或者销售。

(5)将餐厨垃圾裸露存放。

(6)将厨余垃圾作为畜禽饲料。

在部分地区牵线搭桥下,百余家餐饮公司与市环保污油处理公司签订废弃食用油收购协议。这些餐饮店的泔水油、油炸废弃油今后都将由环保污油公司提炼成硬脂酸、甘油半成品,全部用做工业原料。

某地工商局也相继出台了一些相应措施,要求辖区使用食用油的超市和酒楼,必须建立食用油进货台账,把好进口关。

酒楼要与正规地沟油提炼厂家签订废油供需合同,实现一对一的店厂挂钩,守好出口关,使酒楼产生的大量废油作为工业用油,得到妥善处置。

污油处理方法是将污油回收进沉淀池,进行高温处理,让油渣分离,再提炼成硬脂酸、甘油半成品,分离出的残渣用木屑混合榨干后送垃圾处理场,处理过程中产生的污水经沉淀再经厌氧处理后排入市政污水管网。

很多地方由工商、质检、卫生、公安等相关部门成立联合执法队伍,对社会反映强烈的脏油问题进行重点检查。并出动大量的执法人员,捣毁脏油炼制窝点。

未来，将通过集中定点收集、加工的方式，对餐厅、饭店的废水、肉皮、骨头等餐厨垃圾进行回收，用于工业生产再利用，从源头杜绝脏油的出现。

一些餐厨垃圾资源化处理厂将投资建厂，届时将会更有效的处理目前的餐厨垃圾所引发的各种问题。

很多地区将在大型的餐饮单位开始进行试点，然后辐射到中小型餐饮单位，最后对各个区进行分步实施。餐厨垃圾处理将实行政府引导、企业运作、资源利用的运作机制，实施初期将无偿收运处理。使之形成收集、运输、处理及利用一条龙的环卫产业链。

相关的管理规定主要致力于市区餐饮垃圾的产生、收运、处理及相关的管理活动，餐厨垃圾明确种类，处理方式以及垃圾收运制度等内容较为引人关注。

城管部门是餐厨垃圾处理的主管部门，公安、环保、工商、卫生等执法部门也将同时参与。对餐厨垃圾收运、处理施行特许经营，政府鼓励社会成本参与餐厨垃圾的资源化利用。

餐厨垃圾集中处理项目已经开始正式立项，并被纳入国家高科技研究发展计划，预计总投资额高达一千多万元，每次期限内投资金额不同。目前已经有很多城市对餐厨垃圾实行集中处置。

许多地方对餐厨垃圾进行集中处理后，将由各城区城管办负责收集全市所有的餐厨垃圾，并运到填埋场，在填埋场对垃圾进行分离干化和无害消毒，同时从中提炼中工业用油和制成饲料蛋白粉。垃圾收费都有确定的标准，未来还要提高垃圾收费的价格。

部分城市市容和环境卫生管理规定，餐厨垃圾实行统一收集、运输、处理，不得随意出售、倒运、处置。有关餐饮部门提交了对餐厨垃圾资源化治理调研报告，提出了治理餐厨垃圾的建议。

餐厨垃圾集体回收、集体利用、集中资源化处理，综合利用，沼液，沼渣等废弃物所形成的循环处理模式，将会推进很多地区乃至全国的餐厨垃圾处理进程，从而减少餐厨垃圾的过度浪费，降低能源消耗，维持生态平衡。

第五节　稻草生产沼气及地源热泵新技术

一、利用稻草生产沼气

提起用秸秆生产沼气，很多村民对其应用表示非常满意。以前几捆稻草一把火就烧了，现在的几捆稻草可以为村民们节省很多钱，这样的差价使得村民们可舍不得随意燃烧。

目前部分地方引进复合菌预处理稻草生产沼气方式并获得成功后，各地纷纷仿效。如今，有很多地方正在使用秸秆生产沼气。

利用稻草生产沼气。沼气发酵通常以人、畜粪便为主，但目前随着养殖业集约化水平的提高，农村散养户相对减少，因此，我市有许多沼气池利用稻草生产沼气。

农业局环境能源站有关负责人说，向广大农户介绍一种利用复合菌预处理稻草生产沼气的技术，供大家在实践工作中参考并加以利用。

(1)将稻草粉碎。将稻草切短或粉碎到一定长度，每个沼气池需要适配一定量的稻草。

(2)将其润湿。将铡短的稻草和水按一定的比例润湿，操作时边加水边翻料，润湿要求均匀。润湿时间要适宜，使稻草充分吸水。

(3)然后进行拌料。稻草、菌剂、碳氨按所要求的比例，将菌剂和碳氨混合溶于水中，边翻边泼在已润湿好的稻草上，将它们混合均匀。使稻草含水量在手抓紧有间接水滴下为宜。

(4)堆沤，将搅拌好的稻草按标准堆成垛。在垛四周及颈部需要有间隔地扎若干个孔，拍打压实，用薄膜将垛四周及颈部盖上，底部留出缝隙通气，进行堆沤。夏季与冬季所用的天数不一致，所以，沤到稻草上有一层白色菌丝时即可。

(5)将堆沤好的稻草趁热从天窗口直接倒入池内，同时将碳氨、接种物均匀加入沼气池中，并加水至零压水位处，最后在原料中打孔若干，以利甲烷产出。

接种物与沼气池容积要有一定的比例，只有按比例调试才能更好地利用接种物。

(6)经过几天的废气排放后即可封池试火。最后,随着稻草的分解,此时需要换原料。出料时打开天窗盖,做好必要的防护措施,用四齿耙或其他工具直接出料。

沼气的利用,可以直接或间接的提高人们的生活质量,有利于增加人们的收入,减少了浪费的情况,促进环境的美化。

二、地源热泵的研发与前景

由于全球气候变暖,一些地区的电力负荷也受到了很大的冲击。用电负荷比同期要高许多,而用电负荷主要来自于空调用电。目前,发达城市拥有并使用空调数量占大多数,空调耗电量明显高于其他城市,且有日益增长的趋势。很多地区民用住宅等建筑的空调和生活热水,多采用的是户式风冷空调与热水器或燃气结合使用。随着居民生活水平的提高,这种传统的模式无疑会大大增加一些地区的用电负荷,导致电力紧张。为此,这些地区有必要开展建筑以及相关设备节能方面的工作。

地源能作为一种清洁可再生能源,不像化石燃料在获取能源和产生电力的同时,向环境排放大量的燃烧产物,如二氧化碳、二氧化硫、粉尘等,地源能具有明显的社会和环境保护效益。

热泵是一种热量提升装置,正如人们见到的自然现象,水由高处流向低处一样，热量也总是从高温流向低温，跟水泵可以将水从低处提升到高处一样，采用热泵技术同样可以将热量从低温提升到高温。

地源热泵是以浅层地能，包括土壤、地下水、地表水等为热泵，作为夏季制冷的冷却源、冬季采暖供热的低温热源。地源热泵的核心技术就是利用地源包括土壤、地下水、海水、湖水温度夏季比环境温度低，冬季比环境温度高的特点，实现高效制热、制冷的功能。

热泵不仅可以用于冬季采暖，也可以用于夏季制冷和提供全年生活热水，实现一机多用，与常规建筑物制冷机与锅炉结合模式相比，可节约能源。

实现制冷、采暖、供生活热水新模式，用来替代传统的制冷机与锅炉结合模式的建筑物制冷、采暖、供热模式，是改善城市大气环境、节约能源的一种有效途径，也是国内地热浅层地热能利用的一个新的发展方向。

在我国北方地区，建筑物能耗的主要方面是采暖，由于长期以燃煤作为供热的主要能源，煤燃烧会排放出很多有害气体，对环境造成了极大的破坏。不仅如此，煤的数量有限，地球上煤的含量也在一天天减少，而北方对于采暖的原料的需求却没有减少。这种供求的不平衡使得能源的使用处于尴尬的境地。

随着技术的发展与能源的消耗，绿色环境将成为一个重要的指标出现。为此，一些城市将拆除用于冬季采暖的燃煤锅炉，这无疑给地源能的开发利用提供了一个良好的契机。

利用地源热泵代替制冷机与锅炉结合模式的传统制冷、采暖、供热方式，是一条节约能源、改善大气环境的有效的途径。

地源热泵采暖与电采暖相比可节约电能；与燃煤锅炉相比可减少有害物质的排放，可节约一次能源；与普通制冷系统相比可以有效节电。

在南方地区，地源热泵除了用于建筑物的空调制冷外，特别适合于宾馆酒店的生活热水供给。

在城市中，对于用能大户的酒店宾馆来说，空调制冷和生活热水的耗能占大部分的宾馆酒店总能耗，目前主要方式为制冷机与锅炉结合模式。有关资料表明，这些城市酒店供热每月要消耗大量的燃油，由此引起的环境污染问题、热岛效应等已影响到城市居民的生活质量。为此，发达城市曾提出餐娱业油改气的供热方案，但由于燃气价格居高不下，油改气的运行成本将大大高于燃油。因此，到目前为止，无法落到实处。但酒店宾馆燃油锅炉供热系统的改造是势在必行，并已列入很多地区的重点项目中，改造投入的资金也会是一个不小的数目。

地源热泵系统在提供宾馆酒店所需的生活热水的同时，可产生空调用的冷冻水，其耗电与产生同样制冷量的制冷机组相当，无需增加用户的电力负荷，因此，完全节省了提供生活热水所需的燃油量，节约大量运行费用，经济效益显著。

对于一般的民用住宅、学校、医院等建筑，利用该技术替代传统的户式风冷空调与热水器结合模式，可以节约用电量，可以缓解部分地区用电紧张的压力。在这些地区应用地源热泵技术具有很好的前景。

对于宾馆、酒店等建筑，利用该技术替代制冷机与燃油锅炉结合模式，可以节约能源，每月可以减少向大气排放二氧化碳气体、二氧化硫气体，这对于改善整个地区的城市大气环境具有相当重要的意义。

地源热泵技术自研究以来，已成功应用于各类建筑，实现了建筑物冬季采暖、夏季空调制冷、全年供热水的功能，与常规制冷机与锅炉结合模式相比，可节约能源。

本项目所研究的技术成果可广泛适用于大多数省市的各类建筑，特别是宾馆、酒店、学校、别墅等建筑，在技术上已成熟，作为替代传统供热和供冷模式，具有很大的发展潜力。

目前，地源热泵已建立了生产基地，并成功生产了系列产品。此项技术已由一些能源高科技公司进行产业化，并与很多制冷设备公司合资组建了能源高科技公司作为热泵机组的生产基地。目前已开发生产了多种系列产品，同时也得到了广泛应用。此外，家用热泵热水器也由发达城市的一些公司进行产业化生产。

此外，很多城市先后在各大学校的学生宿舍楼、出版社、新能源示范楼等地建立了地源热泵示范工程。在这些地方，先后在能源研究所、农业科学院、外商活动中心等地建立了地源热泵示范工程。大城市能源研究所承担了国家重点攻关项目,高温地源热泵与采暖、制冷、热水联供示范系统,并已对部分高档公寓原锅炉与制冷机结合系统进行了改造,取得了很好的经济效益。

通过技术推广应用,建立了包括热泵供暖、制冷、供生活热水于一体的综合利用示范点,通过示范工程使热泵供热制冷技术在一些地区得到广泛的推广应用。

热泵系统在运行过程中仅有少量有害物质排放,同时由于减少了油的燃烧向环境排放的热量和制冷系统向环境排放的热量,因此,可降低建筑物对环境热污染造成的热岛效应。

第十章　其他新生物能源简述

近年来，全球主要能源日益短缺的问题显得尤为严重，具有可再生优势的生物能源则是尤其受到重视的可替代性的能源。具有可再生性、绿色性的生物能源被认为是目前解决全球能源危机的最理想途径之一。

历史上，人类使用的三大主要能源是原油、天然气和煤炭，但它们都是不可再生的能源。而同样，据国际能源机构的统计，这三种主要能源可供开采的年限，分别仅有40年、50年和240年。这就为能源危机埋下了伏笔，能源问题已经成为制约经济和民生状况的关键。

开发新能源已成为人类发展中的紧迫课题，核能还将有所发展。太阳能、风能、地热能、波浪能和氢能这五种新能源，今后将会优先获得开发利用。另一个值得重视的新型能源是可再生的生物能源，可再生就意味着它具有永续性。

在本章中着重来介绍的就是非传统意义上的新型生物能源。

第一节　能源植物

新型生物能源为能源市场带来新思路，带来了新希望。

在现有基础上再去寻找和开发新的生物能源，成为新思路条件影响下的新课题。

数百年来，在燃料王国里唱“主角”的煤和石油都是远古时代的动植物形成的，那么能否种植能源作物，直接从能源作物生产燃料？这是21世纪普遍关注的一个新问题。

石油是不可再生的能源，它的枯竭是不可避免的。所以许多国家都在进行替代能源的研究，能源植物的研究便应运而生。

能源植物是能量富集型的植物，它们通过光合作用固定二氧化碳和水，将太阳能以化学能形式储藏在植物中，除直接燃烧产生热能外，还可转化成固态、液态和气态燃料。能源植物不仅能生产燃料，还能保护环境。

可作为能源的植物种类很多，主要是某些农作物及有机残留物，林木、森林工业残留物，藻类、水生植物也是有待开发的能源植物。使用植物作为能源，可以作为固体燃料，或借助科学方法转换为炭、可燃气或生物原油等。林业能源方面，培植生长快、光合作用效率高、繁殖力强的树木在国外已受到重视。中国林业科学研究院试验研究，列出60余种能源植物。森林能源的利用方法有两种:通过干馏来提取煤气、焦油和炭;直接进行燃烧,石油植物也是近年来开辟的一个新领域。

能源植物的优点:

(1)能源植物是一种安全环保的植物,能源植物不含有硫化物。因此种植能源植物不会形成酸雨,不会污染大气环境,是植物中的能源蕴藏高手,同时也是获得环保、可持续、安全能源的良好选择。

(2)能源植物还可以通过生物分解避免对土壤、地下水的污染。种植能源植物,不仅可阻止土壤的流失,还可重新建立新土壤层。特别是能源植物的种植,其中绝大部分对于保护环境有良好的、积极的作用。

还有,能源植物的分布面积也是相当广泛的,属于可再生资源。若能因地制宜地种植,完全可以实现就地取材,化木为油,省去了矿物能源勘探、钻井、开采和提炼等过程。同时也减少了产油区与工业区之间的长途运输、管道输送的麻烦,大大降低成本的同时提升了能源储备的可控性。

(3)能源植物没有核能的危险性以及风能、潮汐能和地热能的局限性。凡是一些良好的生物能源,在种植过程中对周围环境的影响都是良性的。优点众多的能源植物是现今和今后很长时间内,人们能源选择的主力军。种类繁多的能源植物又究竟怎么来分辨和区分,下面简单介绍一下。

按照化学成分的不同,能源植物分三类:

第一类，富含碳水化合物的能源植物。包括富含糖的能源植物，如菊芋、甘蔗、甜高粱等；富含淀粉的能源植物，如木薯、玉米、甘薯；富含纤维的能源植物，如芒草、桉树等。利用这些植物可得到生物柴油、燃料乙醇和燃气。

第二类，富含油脂的能源植物，如油菜、向日葵、棕榈、花生等。这类能源植物既是人类食物的重要组成部分，也是工业用途非常广泛的原料。

第三类，富含油脂类似石油成分的能源植物，如麻疯树、油楠、油棕、银合欢、橡胶树等。它们是可直接产生接近石油成分的植物，其主要成分是烃类，如烷烃、环烷烃等，富含烃类的植物是植物能源的最佳来源，通过脱脂的处理可作为柴油使用。较为理想的生物燃料作物应该具有高效光合能力，截止到目前，科学家们已经发现了多种能够生产"石油"的植物。正在进行品种的选择和质量的优化，并准备尽快实行商业化生产。

下面介绍几种理想的生物燃料，仅供参考。

芒——原产于中国华北和日本。

芒的优点：

(1)快生长。一季的时间就可以长到几米高，人称"象草"，可见它的生命力是极其顽强的，具有较大的能源优势。

(2)强生长。这种人称"象草"的芒，既可以在亚热带生长，同时也可以在温带的广阔地区生长，在强日照和高温条件下生长茂盛，对于肥水利用率很高。生长期间不施化肥和农药，凭它根状茎上的强大根系能有效地吸取养料。

(3)全燃烧。芒在收割时植株只含25%左右的水分，它在生长过程中从大气吸收多少二氧化碳，燃烧时就释放多少二氧化碳，不增加大气中的二氧化碳含量，可谓是全燃烧的高效利用生物。

(4)低成本。其投入远小于种植油菜的投入，只须投入一点就会获得巨大的经济收益和价值回报。

(5)高产量。每公顷产量高达数十吨。每公顷平均年收获10吨左右的石油，比其他现有绝大多数能源植物都要高出很多，而且可连续收获多年，是作为新型生物能源的首选之一。

海带和巨藻——原产美国加利福尼亚。

从这种巨型海带中，可提取大量合成天然气，还可提取氯化钾和化妆品中的乳化剂。

海带和巨藻的优点：

(1)迅速的生长能力，每天可长几米。

(2)性价比高，产量高。

科学家们也积极利用微生物使碎草杂物都变成可利用新能源。这种方法，不但巧妙，而且具有新意和较大的可借鉴性，操作性强。

利用微生物使碎草杂物都变成可用新能源，是解决能源危机的一个因地制宜的好方法。在选定好的一大片农业地周围，有一排排装满微生物的大桶，看起来大的有些吓人。

你可能平时没有察觉到的是，这些看似渺小无奇的小小微生物，每天要吞食掉好几吨来自宾馆饭店和自助餐厅的剩饭残渣、碎草杂物等垃圾，生产出数十万升生物气体。这种微生物生产出来的生物气体，既可用于燃烧发电，又可以压缩成液化燃料使用。

这是由于一些生物工程专家设计的利用微生物将各种生活垃圾转化成生物气体的生物反应器立下的大功。这个生物反应器与以往要在水中进行的厌氧生物反应器不同。该生物反应器可以直接对固体，如食物等生活垃圾进行转化，而且转化速度要比通常的系统快很多，产生非常干净的气体（主要是甲烷和氢气），其燃烧后放出的有害物质要远少于目前使用的汽油和柴油。

目前为止，科学家对微生物是如何将这些废物转化成气体的机理的探索还在进行当中。

最近几年来，快速便宜的基因测序手段为微生物学家研究微生物种群提供了新的工具。

通过对这些微生物基因进行测序，科学家希望进一步了解它们的作用机理，找到更有效的利用方法。科学家从生物反应器里取一小块泥巴，就可以从中分离出 DNA，测出整个微生物种群的基因序列。同时，科学家还将测试在不同温度和酸碱度条件下，这些微生物种群是如何变化的。这对整个系统的转化效率有极大影响。

对这些微生物进行基因测序，将使我们更好地了解谁在唱主角，我们可以更准确地控制条件，改进设计，进一步提高变废为宝的效率。

第二节　新生物能源的经济贡献

在全球发生金融危机爆发之后，为了适应社会上更多新需求，满足市场更多需要的绿色能源、生物技术、信息技术、新材料和先进制造业将成为新的经济增长点。

历史的经验表明，每一场经济危机都会伴随着一场技术的革命，通过科学技术的重大突破来满足更多人们的需求，从而促进经济的繁荣。

这是一个关键的机遇期，同时也是一个关键的挑战期。可谓机遇与挑战并存，发展与突破同在。只有我们开动脑筋，在新型生物能源上寻找突破口。挑战为我们提供的机遇才会被我们成功地转化为科技进步、经济发展的动力。经济发展有自己的周期，科学技术的发展也有自己的规律。适逢每一场经济危机的发生总有它的根源，总的说起来可能还是由于世界范围中价值观的变化，人民需求的变化，经济结构的改变，一系列的变化才引起了整个世界经济发展的重大变化。更重要的就是科学技术的发展经过了一段时间，有了积累，具备了突破的条件。

因此，在这场金融危机之后，我们可以看到一些新的经济领域、新的发展方向正在变化。经过多年发展，人民生活有了很大的提高，于是人们在生态环境、能源方面有了更大的需求。人们对于健康发展有了更多需求，人们更多地想通过信息技术了解世界、发展自己。人的发展与进步，这是一个最根本的需求。因此笔者认为，新的增长点大约会发生在能源、生物、信息、新材料和先进制造业这几个方面。

(1)人们对于健康的需求，使生物技术的发展应运而生。生物医药、生物能源、生物环保的应用等，这些都会是新的增长区域。

(2)对于信息发展，更多是在高速、海量和更智能的软件方面。移动网络、因特网和电视网的三网融合，以及它在各个领域中的广泛应用，将会成为下一个经济增长点中的重要内容。

(3)在能源方面，我们必须发展低碳能源，逐渐脱离几百年来依靠传统化石能源的时代，进入到一个新的绿色能源经济中。

这里面可以开发和利用的能源和技术就包括发展风能、太阳能、生物质能以及一系列应用技术，比如节能汽车、高效照明，等等。

(4)新材料特别是纳米技术以及先进制造技术的发展，对于中国未来的发展将是十分有帮助的。

为了促进经济的振兴，一些国家已经开始启动了一系列旨在推广这些研发新的生物能源技术的重大项目。比如，大力地在城市中推动电动汽车的发展。另外，在一些城市做试点，率先启动LED半导体照明使用。

在金融危机之后，适应社会上更多新需求、满足市场更多需要，顺应自然推动绿色能源、生物技术、信息技术、新材料和先进制造业趋势。生物能源将为我们的经济创造新的增长点，为年轻企业家和科学技术人员创造新的工作岗位和新的奋斗方向。与此同时，也会为推动全世界绿色经济、低碳社会、低碳技术的发展提供原动力。新的生物能源对于经济的贡献是巨大的，为经济的发展带来了新的希望。

(1)体现在就业上。新型生物能源为社会减轻了全民就业压力，尤其是年轻人的就业问题。相关的科研部门、科技公司、研究所、学校等，都相应地增加着就业机会。

(2)体现在技术交流上。国与国，大型跨国集团之间在技术交流不但使人们的生活得以改善。同时，具有技术优势的一方还可以通过转让技术获得一笔不菲的经济收入。

(3)体现在观念上。人们眼中所认同的经济发展方式不再是传统的、一成不变的、高耗能的，而且耗费的往往是那些不可再生的资源。而是像新型的能源草、能源植物一样的可再生能源，可以为人类的发展提供永续的、充足的能源供应。

展望新型生物能源对经济的贡献，在发展经济的同时，还使人们养成了可持续发展的观念。观念的发展与进步带来了生活方式的改变，发展经济是人们头脑中千万要想到的。

一个新兴的产业，一个新兴的事物，新型生物能源正为现在和明天的经济发展做着不可估量的经济贡献。

第三节 中外新能源技术发展展望

能源对于国家安全具有举足轻重的作用。

随着人类过度的开采资源，世界上的传统能源像石油、天然气、煤炭等已经所剩不多，难以维持人类对这些不可再生能源的永久需求。

通过科技进步、观念转变等因素带来的新能源的发现与研究，新型生物能源正是新能源中代表。由于新型能源像能源草、能源植物等生物能源的可再生的优点，所以生物能源自然而然的就得到了各个国家的重视。

作为发展中国家的中国随着经济的快速发展，对能源的需求和依赖程度也不断地提高。于是，我国政府结合了国内的十个产业调整和振兴规划，完善外商投资的产业导向政策。鼓励外资投向先进制造业、高技术产业、新能源产业、基础设施建设、节能与环境保护和现代服务业等产业，并鼓励跨国公司在华设立一批总部、研发中心、采购中心、财务管理中心、结算中心等功能性机构。我国希望更多的具有技术优势的跨国公司到中国来发展，让新能源的优势在更多的地方发光发亮。

新型能源产业正孕育着新的经济增长点，也是新一轮国际竞争的战略制高点。而金融危机中政府的大量投资大大推进了新能源行业的发展进程。在当前这种金融危机、经济衰退的情况下，虽然投资的主体在减少，但是在节能减排方面，无论是政府投资还是风险投资都没有减少。因此，金融危机对于节能减排和新型能源产业来说是巨大机遇。

据称，自2008年全球金融危机以来，中国对风能的投入增加了88%、对核能的投入增加了72%、对水电的投入增加了19.2%。同时，2008年中央财政安排400多亿元的资金，支持十大重点节能工程和环保设施等项目建设。全国新增城市污水日处理能力1 000多万吨，新增燃煤脱硫机组容量9 000多万千瓦。单位国内生产总值能耗比上年下降4.59%。而根据美国能源基金会与中国发改委的联合预测，2005—2020年，中国需要能源投资18万亿元，其中新能源、节能、环保需要投资7万亿元。

金融危机对可再生能源的发展提出了一个新的机遇。这场危机既是金融危机，但也是一场能源的危机、生态的危机。应对这场危机就要在能源技术上实现革命性的变化。历史经验表明，全球性经济危机往往催生重大科技创新和科技革命。当前，无论是经济社会发展的强烈需求，还是科学技术内部所积蓄的能量，正在催生着一场新的能源科技革命。这场新的能源科技革命就正在推动着新型生物能源的开发和利用。与此同时，新型生物能源的开发和利用带动着科学研究的发展，在一个更高的层面上新型生物能源在不久的将来成为我们能源发展的风向标！

值得关注的是，当外资巨头都在为布局中国新能源产业蠢蠢欲动、踌躇满志之时，我们必须严把新型生物能源与新型能源的标准关。

一般地说，常规能源是指技术上比较成熟且已被大规模利用的能源。而新型能源通常是指尚未大规模利用、正在积极研究开发的能源。从理论上讲，新能源具有良好的发展前景，但在现实的经济生活中，新能源要想大规模走上历史舞台尚需时日。而造成该现象的一个重要原因，就是目前的社会经济体系中尚不具备能够为新能源需求创造条件的管理体制和运行机制，国内外皆如此。

发展新能源的前提是石油公司需投入大笔资金，而石油公司的付出在短期内又难以得到理想回报。这就为像新型生物能源一类的新型能源在社会中普及设置了障碍。同理，我国也存在类似的问题。

因此，从中外新能源产业发展情况看，要让全社会在发展新能源问题上达成认识上的一致，很大程度上取决于社会在问题面前有取舍的拿出解决办法。要取得这样的共识，仅靠个人力量是不够的，需要体制机制的深刻变革，其难度客观存在。新能源产业化进程中的技术障碍不可小觑。

可再生能源是新能源家族的重要成员，从国内情况看，有关该项产业的科研工作虽取得了一定进展，但与大规模工业应用之间还有距离。以生物能源产业为例，目前技术难题仍是制约生物能源产业的主要因素，有关该产业的一些核心技术在国内仍然是相当缺乏。

当前，我国生物能源加工利用技术集成化和成熟度不高，生物转化和加工效率低下，生物技术转化工艺难以实现规模化。同时，大型精密设备需从国外引进，国产化水平不够，这些因素一定程度上都制约着新能源的产业化。技术已经成为发展新型生物能源的一个难题，而成本也是不可忽视的因素。

新能源产业运营成本高是一个全球性的问题，主要是因为产业发展规模化程度不够，没有完善的市场体系和产业发展空间。与那些技术成熟、成本体制发展成熟的常规能源行业相比，相对于煤炭、石油等传统能源来说，风能、太阳能、地热能等新能源的开发利用仍处于初级阶段，其前期投入成本高，风险大。

有统计数据显示，我国可再生能源资源量是每年 73 亿吨左右的标准煤，但开发量尚不足 4 000 万吨。

尽管我国可再生能源具有巨大的资源潜力，且部分技术实现了商业化，但可再生能源产业发展面临一些困难和障碍确实是客观存在，主要表现为多数可再生能源产业运行成本过高和市场容量相对狭小。以可再生能源发电为例，目前国内可再生能源发电产业的发电成本远高于常规能源发电成本。小水电发电成本约为煤电的 1.2 倍，生物质发电和风力发电成本则为煤电的 1.7 倍，光伏发电成本更高，约为煤电的 11～18 倍。

成本居高不下严重抑制了可再生能源发电产业的进一步发展，而市场容量的狭小又进一步缩小了可再生能源发电成本下降的空间，形成了恶性循环，影响可再生能源的产业化步伐。所以发展新能源必须想方设法促进其规模化和产业化，只有这样方有可能打破成本壁垒。

新能源产业化面临技术、成本、体制障碍，且新能源产业的推进和发展往往需要一个相对漫长的过程，单纯依靠市场机制的作用会阻滞其发展步伐，因此适时发挥政府的宏观调控对新能源产业发展就显得十分必要。

当前中国政府已制定出新能源产业发展规划。

《2000—2015 年新能源与可再生能源产业发展规划要点》中明确指出：今后将大力发展风能、太阳能、地热、生物质能等新能源和可再生能源，到 2015 年我国新能源和可再生能源年开发量将达到 4 300 万吨标准煤，占当时能源消费总量的 2%。为实现这一目标，国家已启动了新能源产业的系列科技攻关活动。

在这样的背景下，政府若能继续加大税收、财政、信贷等经济杠杆对新能源产业的扶持力度，通过加强对新能源生产消费观念引导，为新能源产业发展创造良好的市场环境，积极推动新能源产业规模化。

有关专家指出，新能源产业发展所面临的技术、成本、体制障碍是相互影响的，在某种程度上也是互为因果。所以发展新能源产业必须树立系统思维，统筹兼顾，需要对现有的能源产业管理体制和运行机制动大手术。

发展新能源犹如开启破冰之旅，过程虽充满艰辛和困难，但前景令人期待。像以能源草、能源植物等为代表的新型生物能源，开发的前景巨大。新型生物能源既可以当做作物、食物等的同时还可以作为可再生甚至是可循环的新能源，为能源的可持续利用与缓解能源危机做出巨大的贡献。发展新型生物能源的前景在挑战巨大的同时，机遇也是巨大的。

请相信，新型生物能源会在不久的将来为世界能源添功出力！